KB105968

말문이 터지는
언어놀이

김지호
지음

길벗

머리말

철학자 하이데거는 '언어는 존재의 집'이라고 표현했습니다. 인간의 사유 방식은 자신이 사용하는 언어의 한계를 넘지 못한다는 의미이지요. 왠지 어렵고 거창한 표현 같지만 '이 세상에 언어가 없다면?' 하고 상상하면 쉽게 이해가 됩니다. 우리는 언어 없이 살 수 없습니다. 타인과 어울릴 수도, 지식을 익힐 수도 없습니다. 언어가 없으면 생각을 나눌 수도 없고, 이 복잡한 세상을 이해할 수도 없습니다.

아이의 성장 과정을 보면 언어가 우리의 삶에서 얼마나 중요한지를 깨닫게 됩니다. 갓 태어난 아이의 눈에 비친 세상은 온통 무의미한 소음과 빛으로 가득하지요. 그러나 사랑 가득한 엄마의 눈빛, 목소리, 부드러운 손길이 다가가는 순간 아이가 느끼는 세상은 달라집니다. 엄마의 "아유, 예뻐라!" 하는 말을 들으면 아이는 예쁜 존재가 되고, "맘마 먹자"라는 말을 들으면 '맘마'를 먹는 존재가 됩니다. 지금 손에 쥐고 있는 것, 먹고 있는 것들이 어른의 입을 통해 언어로 의미 지어질 때 세상은 명확해지고 아이는 그 안에서 '나'라는 존재를 확인합니다.

우리는 보통 똑똑한 아이가 말을 잘한다고 생각하지만, 사실은 말을 잘해야 똑똑해집니다. 그래서 어른들의 역할이 중요합니다. 그렇다고 해서 일부러 좋은 말만 골라서 하거나 완벽한 문장으로 말하려고 애쓰지 않으셔도 됩니다. 먼저 말을 거는 쪽은 항상 아이입니다. 아이가 말을 걸면 아이의 눈을 보며 미소를 지어주세요. 고개를 끄덕이며 "그랬구나" 하고 말해주세요. 그리고 마음을 다해 놀아주세요. 나머지는 아이가 다 알아서 합니다. 스스로 낱말을 익히고 문장을 배우고 문법을 터득하면서 언어를 통해 세상을 알아갑니다.

저는 2005년부터 언어치료사(공식 명칭은 언어재활사)로 일해왔습니다. 말을 하는 데 어려움이 있는 다양한 아이들을 만나 수많은 시행착오를 거치며, 어떻게 하면 자연스러운 분위기에서 재미있게 언어 기능을 향상시킬 수 있을까를 고민했습니다. 이 책이 그 결과물입니다. 지난 13년간 치료실에서 혹은 가정에서 아이들과 언어치료 활동을 하면서 가장 효과가 좋았던 놀이 방법을 간추려 실었습니다. 아이들의 말문을 열고 언어 능력을 확장시키고자 하는 부모님들께 이 책이 조그마한 도움이 되었으면 합니다.

이 책이 나오기까지 많은 분들의 도움이 있었습니다. 우선, 길벗출판사에 깊은 감사를 드립니다. 그분들과의 인연이 아니었다면 지금 이 원고는 책상 서랍에 있을 것입니다. 인생의 동반자이자 동지인 아내와 아들 현이에게도 사랑과 감사의 뜻을 전합니다. 그리고 지난 세월 자식들을 위해 헌신하며 살아오신 부모님께 진심으로 존경하고 사랑한다는 말씀을 드립니다. 감사합니다.

김지호

이 책의 구성

이 책은 총 5부로 구성되어 있습니다.

1부에서는 아이들의 언어 발달이 어떻게 이루어지는지, 언어 발달을 도우려면 어떻게 해야 하는지를 구체적 예시를 들어가며 설명했어요.

2부와 3부에서는 어휘력을 기르는 놀이를 소개합니다. 2부는 일상에서 할 수 있는 다양한 놀이를 하면서 어른이 아이에게 낱말을 들려주는 식으로 진행돼요. 3부는 간단한 게임이나 놀이를 하면서 아이에게 문장 표현을 들려주는 놀이를 소개하지요.

4부는 좀 더 적극적으로 아이의 표현을 이끌어내는 놀이들로 채워져 있어요. 상황 놀이를 하면서 어른이 본을 보이고 아이가 따라 말하게끔 구성되어 있습니다.

말을 익히는 과정은 자연스러워야 합니다. 잘 안 될 때는 잠깐 쉬었다 하거나 다른 놀이로 전환하시기를 권합니다. 긴장되고 경직된 분위기에서 정색하고 가르치는 대신 뜬금없이 그러나 의도적으로 명확한 목표를 두고 낱말과 구절, 문장을 들려주세요. 자연스러운 상황에서 언어 표현을 들려주시고, 아이가 따라서 말하거나 표현할 수 있도록 분위기를 유도하는 것이 이 책에서 소개하는 언어놀이의 핵심입니다.

5부에는 아이가 말을 배우는 과정에서 생길 수 있는 어려움에 대한 내용이 담겨 있습니다. 부자연스러운 발음이나 말더듬, 대화에 집중하지 못하고 산만하게 행동하는 것은 말을 배우는 영유아라면 누구나 거치는 과정이지요. 전문가의 진단이 꼭 필요한 경우도 있지만, 이 장에서는 우선 가정에서 도움이 될 만한 내용을 간략하게 담았습니다. 참고하시되, 노력해도 변화가 없다면 꼭 전문 기관의 도움을 받으세요.

아이마다 말문이 열리는 때가 다르고, 말을 익히는 속도도 차이가 납니다. 우리 아이의 언어 발달에 맞는 놀이를 골라서 뒤이어 설명되는 '이 책의 활용법'을 참고해 즐겁게 아이와 놀아주세요.

이 책의 활용법

이 책에는 49가지의 언어놀이가 소개되어 있습니다. 각 놀이마다 적정 연령, 목표, 준비물, 놀이 방법, 관련 표현, 2단계의 예시, 전문가의 조언으로 채워져 있어 아이의 연령에 맞게, 추구하는 목표에 맞게 놀이를 활용할 수 있지요.

'적정 연령'은 통상적으로 해당 언어를 이해하거나 표현하는 평균 나이를 말해요. 아이마다 개인차가 크니 꼭 여기에 맞출 필요는 없어요. 말이 조금 빠른 아이는 그보다 높은 연령대의 놀이를, 반대로 말이 조금 느린 아이는 그보다 낮은 연령대의 활동을 권합니다.

'목표'는 언어놀이를 할 때 염두에 두어야 할 사항이에요. 한참 놀다 보면 내가 지금 무얼 하고 있는지 잊을 때가 있거든요. 목표를 가지고 놀이를 하면 더 오래 더 자주 할 수 있어요. 게다가 지금 하는 놀이가 아이의 언어 발달에 어떻게 도움이 되는지를 알면 힘들어도 보람이 있겠죠?

'준비물'은 해당 놀이를 할 때 준비해야 할 것들입니다. 스마트폰, 집에서 쓰는 물건, 낱말 카드 등 주로 주위에서 쉽게 구할 수 있는 것들을 활용했어요.

'놀이 방법'은 일상에서 할 수 있는 언어놀이 방법을 설명한 부분입니다. 천천히 읽고 상황에 맞게 적용해주세요.

'관련 표현'은 해당 언어놀이를 하면서 주로 쓰게 될 표현이에요. 어른이 말하면 아이는 그 표현을 자연스럽게 익히게 되지요.

'1단계 예시'와 '2단계 예시'는 놀이의 난이도를 높여가면서 언어를 확장시키는 방법을 구체적인 예시를 통해 설명합니다.

'전문가의 조언'은 해당 언어놀이를 하면서 부모를 비롯한 어른들이 놓치지 말아야 할 점에 대한 전문가의 한마디입니다.

이 책에 담긴 유용한 요소들을 충분히 활용하셔서 아이의 언어 발달도 돕고 놀이도 즐기시길 바랍니다.

차례

간단한 게임·놀이로 문장을 익혀요 • 3부

말을 배우는 데 문제가 생겼어요 • 5부

: 언어 발달표 :

개월 수	● 언어의 이해 ○ 언어의 표현 ◆ 말 표현 예시
0-6개월	● 소리와 표정에 반응합니다. 소리 나는 쪽으로 고개를 돌리고 말하는 사람과 눈을 맞춥니다. 기쁜 표정, 슬픈 표정, 화난 표정 등을 이해하고 반응합니다.
	○ 아직 조음 기관이 미숙해서 낼 수 있는 말소리 종류가 많지 않습니다. 의미 없는 모음이나 입술을 이용한 소리 등을 냅니다(부, 푸, 뿌, 어, 아, 우 등). 기분에 따라 내는 소리가 다릅니다.
	◆ "아아 아~", "푸~ 어푸~"
7-9개월	● 동작을 수반하는 간단한 표현 몇 가지를 이해하고 따라 합니다 : 고개를 돌리며 "도리도리" 하기, "짝짝짝" 하며 박수 치기, 손 흔들며 "빠이빠이" 하기 등. ● 동작을 수반하는 지시를 수행합니다 : 손을 내밀며 "주세요", 손짓을 하며 "이리 와요", 등을 내밀며 "어부바" 등. ● 부정적 지시어를 이해하고 반응합니다 : "하지 마", "안 돼", "지지!" 등.
	○ 다양한 모음과 자음 소리(가, 다, 바 등)를 낼 수 있습니다. '엄마', '아빠'처럼 들리는 소리를 냅니다 : "아부", "아바", "빠빠", "음마" 등. ○ 소리로 감정, 욕구 등을 표현합니다.
	◆ "어아", "가가", "바바", "음마", "압비"

10-12개월	● 말소리에 좀 더 집중합니다. 주변이 시끄러워도 말하는 사람을 바라봅니다. 자기에게 하는 말인지 남에게 하는 말인지 구분할 수 있습니다. ● 조금씩 어휘가 늘어납니다. 말만 듣고 간단한 동작을 수행할 수 있습니다: "앉아요", "주세요", "일어나요", "이리 와요" 등. ● 말투로 상대방의 감정 상태를 이해하고 반응합니다. 또한 질문인지 아닌지 구분합니다 : "어디 있지?" 하고 말끝을 올리면 주위를 둘러봅니다. ○ 소리를 음절 단위로 모방할 수 있습니다. '눈', '코', '입' 같은 한 음절 낱말은 "느", "어", "이" 등과 같이, '엄마'나 '아빠' 같은 두 음절 표현은 "아아", "음머", "빠빠"와 같이 따라 합니다. 말 대신 몸짓을 사용하기도 합니다. ◆ "압바바", "맘마", "음머머", "어부바"
13-15개월	● 어른들의 일상적인 행동을 모방합니다 : 전화 거는 척, 세수하는 척, 물 마시는 척 등. ● 주양육자 이외의 가족 호칭을 이해합니다 : 할머니, 할아버지, 형, 동생 등. ● 간단한 심부름을 할 수 있습니다 : "저기 장난감 가져와요" 등. ● 무엇, 누구 등 간단한 질문에 대답합니다 : "이게 뭐야?", "저기 누구야?" 등. ○ 대답하기-상대에게 요구하기-부정하기 등 다양한 표현을 몸짓으로 보여줍니다 : 손으로 가리키기→'주세요', 손 흔들기→'안녕' '싫어', 고개 젓기→'안 해' '싫어', 끄덕이기→'좋아' '그거예요' 등. ○ 낱말 표현이 관찰됩니다. 일상 용품의 이름, 가족 호칭을 말하되 때로 불완전한 형태로 표현합니다 : "바바(바지)", "무(물)", "맘마(엄마)" 등. ◆ "엄마", "아빠", "할미", "합비", "아뜨", "맘마"

	● 대상영속성을 완전히 이해해 눈에 보이지 않는 물건을 찾아서 가져올 수 있습니다. 집중력이 좋아져서 다른 사람이 얘기하면 하던 일을 멈추고 듣습니다. ● 사람의 몸과 관련한 다양한 어휘를 이해합니다. ● 상대와 나를 지시하는 말(너, 나)을 구별할 수 있습니다. ● 형태의 특성을 개념화해 사물과 사진 혹은 그림과 연결 지을 수 있습니다 : 그림책에 등장하는 탁상시계를 보고 집에 걸린 벽걸이 시계를 가리킨다.
16-18개월	○ 엄마, 아빠 같은 가족 호칭을 능숙하게 사용합니다. 다양한 의성어를 사용합니다 : "빵빵" "붕붕", "어흥", "멍멍" 등. ○ 새로운 낱말을 익히고 사물의 이름을 말합니다. 말에서 억양이 느껴지고, 얼핏 문장처럼 길게 말합니다. ○ 혀의 뒤쪽을 사용하는 소리(ㄱ-ㅋ-ㄲ-ㅎ)를 표현합니다. 자음을 불완전한 형태로 모방합니다 : "하무니(할머니)", "하부지(할아버지)" 등.
	◆ "이거", "으흥", "빠방", "엄마 이거", "아빠 무(물)", "엄마 맘마(밥)", "까까(과자나 사탕)"
	● 특정 사물과 그 소유자를 의미하는 구절을 이해할 수 있습니다 : 엄마 바지, 아빠 안경, 언니 인형 등. ● 일상에서 쓰이는 간단한 동사를 10개 이상 이해합니다 : 주다, 받다, 앉다, 일어서다, 가다, 오다 등. ● 좀 더 길어진 지시 문장을 이해하고 수행합니다 : "손 씻고 밥 먹자", "바나나랑 사과 가져오세요" 등. ● 단순한 부정문을 이해합니다 : "먹어-안 먹어", "울어-안 울어", "가져와-안 가져와" 등.
19-21개월	○ 낱말과 낱말을 붙여 말하기 시작합니다 : "엄마 저거", "아빠 나" 등. ○ 감정을 표현하는 말을 사용합니다 : "좋아", "싫어", "미워" 등. ○ 말끝을 올려 질문형 표현으로 만들 수 있습니다.
	◆ "이거 저(줘)", "엄마 저거", "아빠 이떠(있어)?", "저기 가?", "아 네(안 해)"

22-24개월	● **사물의 형태와 느낌을 표현하는 형용사를 조금씩 알게 됩니다 :** "아파", "좋아", "싫어", "커", "작아" 등. ● **시간의 전후 관계를 표현하는 말을 조금씩 알게 됩니다 :** "이따가 해요", "나중에 먹어요" 등. ● **사물의 세부 구조를 가리키는 낱말을 이해합니다 :** 차-바퀴, 비행기-날개, 문-손잡이, 시계-바늘 등. ○ **신체적 욕구를 말로 표현합니다 :** "배고파", "쉬이", "아파" 등. ○ **일상적 동사를 사용하기 시작합니다.** ○ **부정적 표현을 사용할 수 있습니다 :** "안 해", "아니야" 등. ○ **호기심이 많아져서 "뭐야?"라는 질문을 자주 하기 시작합니다.** ◆ "이거 무야(뭐야)?", "여기 아파", "멍멍이 먹어", "꼬꼬야, 밥"
25-27개월	● **긴 문장을 듣고 이해하고 수행합니다 :** "밖에 나가서 엄마랑 마트에 가자" 등. ● **얘기를 듣고 기억해 질문에 반응하거나 대답할 수 있습니다 :** 동화책을 읽고 "누구?", "어디?" 등의 질문에 대답하거나 손으로 가리킨다. ● **수량을 표현하는 낱말을 이해합니다 :** 하나, 둘, 셋…. ● **일상적으로 쓰는 쉬운 동사 대부분을 알게 됩니다.** ○ **선택형 질문에 대답할 수 있습니다 :** "사과 줄까, 바나나 줄까?" 등. ○ **낱말을 두세 개 붙여서 문장처럼 사용합니다 :** "엄마 아빠 자", "아빠 우유 여기" 등. ○ **어휘가 늘어 '이거', '저거'보다 구체적인 이름을 사용합니다.** ○ **말 표현에 '~이/가'와 같은 조사가 포함되기 시작합니다.** ◆ "이거 엄마가 해", "아빠 빠방 간다", "멍멍이가 했어", "사람이가 많아"

	● **복문장(조건이나 원인을 포함하는 문장)을 이해합니다 :** "뛰어가면 다치니까 천천히 가자" 등. ● **말의 뉘앙스를 이해할 수 있습니다. 즉 같은 말이라도 억양에 따라 다른 뜻을 가진다는 점을 알게 됩니다 :** "아유 잘하네-잘한다, 잘해" 등. ● **심부름을 좀 더 잘할 수 있습니다 :** "누나 방에 가서 책과 노트 가져올래" 등.
28-30개월	○ 자신이 아는 어휘로 상태에 대해 설명할 수 있습니다. ○ 질문이 '누구?', '어디?' 등으로 좀 더 다양해집니다 : "아빠 어디 가?". "누가 먹어?" 등. ○ 시간에 대한 표현을 하기 시작합니다 : "아까 먹었어", "이따 해" 등.
	◆ "엄마, 용찬이 다리가 힘들어떠(다리가 아파서 힘들었어)", "나은이가요, 칭구 꽝 아파더. 미안해해떠(친구를 다치게 해서 미안하다고 했어요)", "아빠 저거 누가 해떠?"
	● **사물의 특성을 이해해 차이를 나타내는 말을 이해합니다 :** "이거랑 같은 거 찾아보자", "형 거랑 뭐가 다르지?" 등. ● **사물 간의 공통점을 이해해 간단한 직유적 표현을 이해합니다 :** "저 나무는 꼭 사람처럼 생겼다", "와, 저 구름은 다람쥐 같아" 등. ● **사물의 쓰임새를 이해합니다 :** "종이 자르는 거 뭐지?", "이 닦는 거 가져올래?" 등.
31-33개월	○ 발음이 점점 정확해집니다. ○ '나', '우리' 같은 대명사를 자주 사용합니다. ○ 형용사와 부사를 포함해 서너 개의 낱말로 이루어진 문장을 구사합니다. ○ 그림이나 사진을 보고 간단하게 설명할 수 있습니다.
	◆ "내가 새쫑이 잔나서 해떠(색종이 잘라서 했어)", "빠이(빨리) 가는데 다동자가 깡 부디처떠(자동차가 꽝 부딪혔어-영화의 한 장면)"

34-36개월	● 사물의 상대적 위치를 뜻하는 말(위-아래-밑-앞-뒤 등)을 이해합니다. ● 비교 개념을 이해해 '~보다 더 ~하다' 식의 문장을 알 수 있습니다. ● 호칭의 포괄성을 이해해 이모, 아주머니, 아저씨가 꼭 한 사람이 아닌 여러 사람을 가리킬 수 있다는 점을 알게 됩니다. ○ **설명을 잘할 수 있게 되어 과거의 경험을 말할 수 있습니다 :** "~랑 ~에서 ○○했어" 등. ○ **문장이 정교해지면서 복문장, 관형적 표현이 나타나기 시작합니다 :** "아까 넘어져서 피 났어", "저기 노랑 버스 와" 등. ○ **추상적인 질문 '왜'를 사용해 원인을 물어봅니다 :** "아기 왜 울어?" 등. ◆ "엄마는 마트에 왜 안 가써?", "어제 헌생니미 선무르 저써", "아저씨한테 가서 가자(과자) 주세요 해써"

아이의 말문을 틔우는 비결

이제 막 첫돌이 지난 용찬이가 “엄마”라고 말을 했습니다. 옹알이는 자주 들었지만 낱말을 말한 것은 처음이에요. 깜짝 놀란 용찬이 아빠가 아내에게 말합니다. “여보, 이리 와봐. 용찬이가 말을 했어.” 용찬이 엄마가 뛰어와서 아이의 얼굴을 내려다보며 말합니다. 아이가 한 번 더 “엄마”라고 합니다. “아유, 우리 용찬이가 ‘엄마’ 했어요?” 아이가 한마디했을 뿐인데 집 안에 행복과 기쁨이 넘칩니다. 한번 말이 트인 아이는 하루가 다르게 성장하면서 다양한 어휘를 말해 주위를 놀라게 합니다. 새삼 신기하죠? 옹알이만 하던 아이의 입에서 어떻게 말이 나올 수 있었을까요?

말문이 터지기까지 거치는 과정

언어는 인간만이 가지는 고차원적인 기능입니다. 말을 할 때도 다른 사람의 말을 들을 때도 그만큼 복잡한 과정을 거치지요. 방금 아빠는 용찬이가 한 말을 들었습니다.

"엄마."

아이의 입을 통해 나온 소리가 아빠의 귓바퀴를 지나 고막을 두드립니다. 고막을 울린 파동은 우리 몸에서 가장 작은 뼈인 이소골을 통해 증폭되어 달팽이관에서 전기적 신호로 바뀝니다. 청신경은 이 신호를 대뇌로 전달하지요. 대뇌에서 언어 이해를 담당하는 영역이 이 신호를 해석합니다.

'엄마 = 부모 중 여자를 일컫는 말, 즉 내 아내.'

아빠는 아이 말의 의미를 이해하고 '기쁨'의 감정을 느낍니다. 그리고 이 사실을 아내에게 전달하고자 상대를 부를 적절한 낱말을 찾습니다. 아빠의 대뇌는 '가족 호칭' 카테고리에 보관 중이던 '여보'라는 낱말을 찾아냅니다. 그리고 이미 습득한 문법 지식을 동원해 '여보, 이리 와봐. 용찬이가 말을 했어'라는 문장을 구성하고, 이 말을 물리적으로 어떻게 표현해야 하는지를 계산하지요.

먼저 혀를 앞으로 내밀었다가 턱을 내려요. 그다음 숨을 내보내면서 성대를 떨게 하면 유성음 '여'가 발생하지요. 날숨과 성대의 떨림을 유지하면서 입술을 붙였다가 떼면서 동그랗게 오므리면 이어서 '보'라는 소리가 나와요. 계산을 마친 대뇌는 프로그래밍한 일련의 명령을 신경망을 통해 혀와 턱 등을 움직이는 근육으로 내려보냅니다. 그렇게 해서 마침내 '여보'라는 소리가 공기 중으로 흘러나오지요.

물론 이 모든 과정은 무의식적으로 이루어집니다. 입을 통해 나온 '여보'라는 소리는 아내뿐만 아니라 말을 한 아빠의 귀에도 들립니다. 그러면 아빠의 대뇌는 '내가 계획했던 말을 했어. 게다가 이 정도 목소리면 아내가 있는 곳까지 충분히 들리지' 하는 피드백을 받습니다. 모니터링을 통해 현재의 말 표현에 아무런 문제가 없다는 걸 알게 된 아빠의 대뇌는 계속 소리를 내서 의도한 문장을 완성합니다.

"여보, 이리 와봐. 용찬이가 말을 했어."

이 소리를 듣고 달려온 엄마는 다음과 같이 말합니다.

"아유, 우리 용찬이가 '엄마' 했어요?"

아빠가 했던 것과 같은 과정을 통해서 말이지요.

이처럼 말로 의사소통을 하기까지 우리 몸은 다음의 단계를 거칩니다.

❶ 듣기 — ❷ 말의 이해 — ❸ 표현 언어 구성 — ❹ 명령 전달 — ❺ 기관 운동

❶은 청각 기관, ❷와 ❸은 대뇌, ❹는 신경 계통, ❺는 신체 기관이 각각 담당합니다. ❶과 ❹, ❺는 선천적으로 그 기능을 가지고 태어납니다. 컴퓨터에 비유하면 하드웨어라고 할 수 있죠. 그러나 ❷와 ❸, 즉 대뇌가 담당하는 언어 이해와 표현 언어 구성 기능은 후천적으로 발달합니다.

그렇다면 이제 막 첫 낱말을 말한 용찬이의 언어 기능은 앞으로 어떻게 변해갈까요?

세 살 언어
평생 갑니다

가장 큰 변화는 '어휘'의 발달입니다.

첫돌 무렵 "엄마"라고 말해 가족들을 기쁘게 했던 용찬이는 열심히 새로운 낱말을 배워나갑니다. 생활과 밀접한 밥(맘마), 응가(똥), 지지(더러운 것) 같은 말을 하다가 눈, 코, 입 같은 몸과 관련된 말도 하게 되지요. 그러다가 동물, 과일, 집에서 쓰는 물건의 이름(숟가락, 그릇, 컵 등), 먹다·주다 등 움직임을 나타내는 동사를 배웁니다. 그렇게 해서 두 살 즈음에 말할 수 있는 낱말이 50여 개로 늘어납니다.

아이의 어휘가 급속하게 늘어나는 시기는 세 살(생후 24개월) 전후입니다. 학자들은 이 시기를 '어휘 폭발기'라고 부르지요. 이때부터 다섯 살이 될 때까지 아이는 약 1만 개의 낱말을 알게 됩니다. 과일·동물·식물 같은 범주어, 사물과 대상의 기능·동작·상태를 표현하는 동사와 형용사, 길이와 크기, 수 개념, 공통점과 차이점, 비교 표현, 밤낮·계절 같은 시간의 흐름을 나타내는 단어, 감정·느낌 등을 나타내는 추상어 등 일상생활에 필요한 낱말 대부분을 배웁니다.

낱말을 익히면서 '문법'도 배워나갑니다. 모국어에는 특별한 규칙이 있습니다. 낱말만 알아서는 안 되죠. 낱말에 조사를 붙여야 하고 적절한 순서로 배치해야 뜻이 통합니다. 서술어는 상대와 시제, 의도(질문 혹은 청유 등)에 따라 활용을 달리해야 하고요. 따지고 들면 매우 복잡합니다. 같은 이유로 우리는 외국어를 배우기 어려워합니다. 그럼에도 아이들은 자연스럽게 모국어의 문법을 익힙니다. 첫돌 무렵에 시작된 낱말 표현은 세 살을 전후로 낱말과 낱말을 붙이면서 '초기 문장'을 형성합니다. "엄마 저거", "아빠 와", "맘마 먹어"처럼요.

이 시기의 말은 문법적 요소가 최소화되어 있습니다. 몇 개의 낱말이 조합된 초기 문장은 다양한 뜻으로 사용해요. 예컨대 아이가 "엄마 밥"이라고 했다면 '엄마 밥 주세요'일 수 있고, '엄마 밥 먹어' 혹은 '엄마 밥 여기 있어' 등의 의도가 담겨 있을 수도 있습니다. 그럼에도 엄마는 척척 알아듣지요. 문장의 맥락을 알기 때문입니다. 상황을 이해하거나 공유하고 있기에 아이가 하는 말을 어렵지 않게 해석합니다.

세 살이 지나면서부터는 낱말에 조사를 붙이기 시작합니다. 주어, 목적어, 서술어를 나열해 하나의 문장을 만들고, 시제를 활용해 자기 경험을 좀 더 분명하게 표현합니다.

"엄마, 나 어린이집에서 다쳤어."

"용찬이가 물 흘렸어."

호기심이 많아져 사소한 것도 그냥 안 지나쳐요. 질문도 많아집니다.

"엄마 뭐 해?"

"이건 뭐야?"

"아저씨 왜 울어?"

시시때때로 날아드는 아이의 질문에 부모들이 피곤해지는 시기입니다.

다섯 살쯤 되면 구사하는 문장은 더 복잡해집니다. 문장과 문장을 결합해 복문을 말하고, 사동과 피동도 구분해서 씁니다. 말에 자신감이 생겨 어른들의 대화에 끼여드는 일이 많아지고, 집에서 있었던 일을 이웃에게 '일러바치는' 통에 민망한 일도 생기지요. 어린이집이나 유치원에 다녀오면 자기가 경험한 일들을 얘기하느라 정신이 없습니다.

"간식 시간에 빵 먹었어."

"어린이집에 있는데 강아지가 왔어. 귀여웠어."

"소꿉놀이를 하면서 내가 인형 옷 입혀줬어."

주변 사람들은 "어머, 얘가 야무지게 말을 잘하네요" 하면서 칭찬합니다. 율동을 섞어가며 유창하게 노래를 부를 때면 연예인이 따로 없습니다. 어른들의 기대를 충족시키기에 부족함이 없습니다. 이쯤 되면 다 컸다 싶죠. 한편으론 '도대체 이 아이가 언제부터 이렇게 말을 잘하게 된 거지?' 하고 새삼 놀라기도 합니다.

'발음'도 나아지기 시작합니다. 세 살 무렵엔 우리말의 음운에 대한 지식과 조음 기관이 미숙해서 발음이 명확하지 않습니다. 모음은 완전하게 사용할 수 있지만 자음을 틀리게 말하는 경우가 많습니다.

"하탕 주데어(사탕 주세요)."

"언땡니미가 그래떠(선생님이 그랬어)."

"하아버지 간사암니다(할아버지 감사합니다)."

그러나 다섯 살쯤 되면 발음이 분명해지지요. 처음 만난 사람도 아이의 말을 거의 이해할 수 있을 정도가 됩니다.

이렇듯 세 살부터 다섯 살은 눈부시게 언어가 발달하는 시기입니다. "세 살 버릇 여든 간다"는 속담은 이때 배운 것들이 평생을 좌우할 만큼 중요하다는 뜻일 겁니다.

그렇다면 이 시기에 어른들은 아이들의 언어 발달을 위해서 무엇을, 어떻게 해주어야 할까요?

언어 발달에 놀이만 한 게 없어요

'아이는 부모의 거울'이라는 말이 있습니다. 상징적 표현이 아닌가 싶겠지만, 적어도 언어 발달 측면에서는 그렇지 않습니다. 세 살에서 다섯 살까지의 아이들은 부모의 말을 전적으로 따라 하기 때문입니다. 엄마가 하는 말을 기억해두었다가 그대로 내뱉고, 아빠의 통화 내용에 귀를 기울입니다. 이렇듯 어른의 언어는 직간접적으로 아이의 언어 발달에 큰 영향을 미칩니다.

그렇다고 너무 부담 가질 필요는 없습니다. 특정 시기를 지나면 아이들은 부모보다 친구들에게 더 큰 영향을 받고, 대중매체를 접하면서는 연예인이나 위인, 유명인들을 닮고 싶어서 그들을 따라 하거든요. 그리고 대다

수의 부모들은 이미 아이에게 긍정적인 언어적 자극을 주고 있답니다.

부모는 갓난아이와 본능적으로 눈을 맞추고 까꿍 놀이를 합니다. 누가 가르쳐주지 않아도 "엄마 해봐, 엄마?" 하며 모방하기를 유도하고, 아이 눈앞에서 물건을 흔들며 "이거 봐라" 하며 시선을 집중시킵니다. 동화책을 읽어주면서 "그랬구나, 많이 아팠구나" 하고 공감을 유도하거나, 〈뽀로로〉 같은 애니메이션을 보면서 "비행기다, 비행기", "뽀로로 코 자요"와 같은 말을 들려줍니다. 이처럼 어른들은 아이를 대할 때 큰 소리로 반복적으로 짧게 말하며 다양한 방법으로 아이의 이해를 돕습니다.

그럼에도 이 책을 펼치셨다는 건 아이에게 무언가 더 해주고 싶은 마음이 있어서일 겁니다. 그런 분들께 '놀이'를 권합니다. 아이는 놀면서 배웁니다. 아이들에게 놀이보다 더 좋은 언어적 자극은 없습니다. 정서, 감각, 신체 발달에도 놀이만 한 게 없지요. 일단 아이 스스로 재미를 느껴야 집중합니다. 억지로 하는 일에서는 아무것도 배우지 못하지요. 아이의 언어 발달을 돕고 싶다면 무조건 사심 없이 놀아주세요.

쉬운 일은 아닙니다. 요즘 같이 복잡하고 팍팍한 시대에 아이를 키우는 일 자체가 녹록치 않습니다. 이런저런 문제를 해결하느라 아이한테 온전히 마음을 주기가 어렵습니다. 일과 살림만으로도 하루 24시간이 부족하지요. 그런 상황에서 아이와 놀아주려면 노력이 필요합니다. 일부러 시간을 내야 하지요. 주말에 몰아서 놀아주는 것도 좋지만, 매일 조금씩 놀아주는 게 더 좋습니다. 주말에는 어른도 쉬어야 하잖아요.

아이가 잠자리에 들기 전이나 어린이집에서 돌아온 뒤에 잠깐이라도 좋습니다. 어떤 놀이든 좋으니 아이와 놀아주세요. 더 놀자며 아이가 보챌 수도 있습니다. 그럴 땐 양해를 구하고 주말에 좀 더 오래 놀아주세요.

부모와 노는 시간 동안 아이들은 자연스럽게 언어적 자극을 받습니다. 무성 영화처럼 말없이 노는 경우는 없습니다. 놀이는 어떤 식으로든 아이의 언어 발달에 도움이 됩니다.

대화로 아이의 말수를 늘려요

아이의 언어 발달에서 놀이 다음으로 중요한 것이 '대화법'입니다. 대화는 숨 쉬는 것처럼 자연스러운 행위입니다. 그러나 호흡에 호흡법이 있듯 대화에도 특별한 방법이 있습니다. 아이의 언어 발달에 도움이 될 대화법을 소개합니다.

경청하고 공감하기

"오늘 학교에서 뭐 했어?"

"종이접기."

"재미있었어?"

"응."

"어떻게 재미있었어?"

"그냥 재미있었어."

어린이집에 다녀온 아이와 엄마의 대화입니다. 엄마는 묻고 아이는 대답합니다. 단조롭지요. 아이가 한 말은 모두 합쳐 네 구절밖에 안 됩니다. 일부러 짧게 대답한 것 같지는 않아요. 아마도 아이는 "어떻게 재미있었어?"라는 물음에 대답하기가 난감했을 거예요.

그러면 이런 대화 방식은 어떨까요?

"오늘 학교에서 뭐 했어?"

"종이접기."

"그랬구나. 엄마도 종이접기 해봤는데."

"정말? 뭐 했는데?"

"개구리를 접었지. 바지도 만들고 집도 만들고 상자도 만들었어."

"나도 상자 만들었어."

"그래? 어떤 색깔로 만들었어?"

"노랑이랑 빨강 색종이 잘라서 붙였어."

엄마가 자기 경험을 말하자 아이가 흥미를 보입니다. 대화도 좀 더 길어졌지요. 아이 스스로 질문도 했습니다. 공감을 표현하는 말, "그랬구나"의 힘입니다.

아래는 같은 상황에서 이뤄진 또 다른 대화입니다.

"오늘 어린이집에서 뭐 했어?"

"종이접기."

"뭐 만들었어?"

"개구리."

"어떻게 만드는 건데?"

"색종이를 접고…."

"그리고?"

"색연필로…."

"색연필로 칠했어? 초록색으로?"

"응."

아이의 말이 계속 끊기죠? 아이가 해야 할 말을 엄마가 대신 해주기 때문입니다. 이렇게 대화를 하면 어른은 필요한 정보를 빨리 얻을 수 있지만, 아이는 표현할 기회가 줄어듭니다.

"오늘 어린이집에서 뭐 했어?"

"종이접기."

"그랬구나."

"개구리도 만들었어."

"개구리? 어렵지 않아?"

"아냐, 쉬워. 종이로 접고 색연필로 칠하면 돼."

"종이로 접는다고?"

"응. 종이로 접고 색연필로 칠해."

직접 방법을 묻는 대신 "어렵지 않아?"라는 말로 아이 스스로 설명하도록 유도했습니다. 자랑하고 싶은 아이의 마음을 부추긴 거예요.

좋은 대화법은 거창하지 않습니다. 아이를 동등한 대화 상대로 생각하고 기다리면 됩니다. 아이를 미숙하고 가르쳐야 할 대상으로 보면 자꾸 캐묻고 고치는 쪽으로 대화가 흘러갑니다. 대화는 테스트나 보고(報告)가 아니라 마음과 생각을 나누는 과정입니다.

아이의 말이 느리거나 틀리더라도 말을 마칠 때까지 기다려주세요. 다 듣고 나서 바른 문장으로 한 번 더 말해주면 됩니다. 예를 들어

"선생님이가."

"선생님이."

"선생님이 오늘 핵종이."

"색종이잖아."

이런 대화보다는

"선생님이가 오늘 핵종이 접기 해줬어."

"아, 선생님이 오늘 색종이 접기 해줬구나."

"응. 색종이 접기 해줬어."

이렇게 아이가 문장을 마칠 때까지 기다렸다가 정확한 문장을 들려주는 게 효과적입니다.

아이가 말을 잘하기를 원한다면 우선 끝까지 들어주세요. 그러고 나서 동등한 대화 상대라는 마음으로 아이에게 '나'의 느낌과 생각을 말해주세요. 아이는 말할 기회가 늘고 어른은 대화하는 재미가 생깁니다.

본을 보이기

아이의 말을 경청하고 공감했다면 다음은 '본 보이기'입니다. 아이의 말을 문법적·의미적으로 확장해서 들려주는 거예요.

"엄마, 저기 야옹이가 있어."

"그렇구나. 담장 아래에 고양이가 있네."

"귀여워."

"눈이 크고 예쁘구나. 꼬리도 잘록하니 귀엽네."

첫 문장에서 아이가 단지 '야옹이가 있다'라고 말했을 뿐인데 엄마가 대답으로 아이가 한 말에 위치와 관련한 수식을 덧붙여 들려주었습니다. 뒤이어 아이가 느낌을 말했을 때는 그 말에 이유를 덧붙여 의미를 '확장' 했습니다.

또 다른 확장의 예를 보겠습니다.

"내가 인형에 옷 입었어."

"그래, 용찬이가 인형 옷을 입혔구나."

"그런데 예쁘지 않고 바꿨어."

"아, 예쁘지 않아서 다른 옷으로 바꿨어?"

여기서 엄마는 대답으로 아이가 구사한 문장을 수정해서 말했습니다. 첫 번째 대답으로 아이가 한 말에 사동사를 사용해 뜻을 명확하게 표현했고, 두 번째 대답은 아이가 한 말에서 어미를 바꾸고 생략된 구절을 추가해 아이가 표현하고자 한 말의 의미를 선명하게 드러냈어요. 이러한 방식이 바로 '본 보이기'입니다. 아이는 어른의 말을 통해 자연스럽게 잘못된 표현을 고쳐가면서 정확한 문법을 익히게 됩니다.

요약하겠습니다.

첫째, 어떤 신호로든 아이에게 빨리 말하라고 재촉하거나 아이의 말을 중간에 끊지 말고 말을 마칠 때까지 기다려야 합니다. 아이의 표현이 미숙할지라도요. 그래야 말하는 데 주저함이 없어집니다.

둘째, 아이의 말에 "그렇구나", "정말?"과 같은 말로 호응하고 "아빠도 그랬는데", "용찬이가 정말 화났겠구나" 하면서 공감을 표현해주세요. 상대에 대한 신뢰가 생기고 말을 계속 하고 싶어집니다.

셋째, 대답으로 아이의 말을 구체적이고 올바른 표현으로 바꿔 말해주세요. 올바른 모국어를 배우는 데 도움이 됩니다.

아이가 질문하게끔 유도해요

익히 알고 계시듯 질문을 많이 할수록 더 많이 배웁니다. 대화를 하면서 아이가 자연스레 질문을 하도록 이끌어주는 방법은 다음과 같습니다. 먼저 간단한 질문인 '누구', '무엇', '어디'를 묻도록 유도해보겠습니다.

"옆집 아줌마가 그러는데 걔가 상장을 받았대!"

"누가?"

"은서가! 그래서 맛있게 먹었대!"

"뭐 먹었는데?"

"피자! 식구들끼리 거기 가서 먹었대!"

"어디 갔는데?"

"우리 동네 똘똘이 피자집에 갔대. 우리도 갈까?"

"언제?"

엄마는 아이와 대화하면서 누구, 무엇, 어디, 언제에 해당하는 정보를 빼뜨렸습니다. 엄마의 말을 듣고 있던 아이는 물어보지 않을 수가 없지요. 원인이나 이유를 묻는 '왜'도 마찬가지입니다.

"옛날, 옛날에 공주가 살았는데 개구리가 됐대."

"왜?"

"독이 든 사과를 먹었거든. 그런데 갑자기 백조가 되었대."

"왜?"

"천사가 구해줬거든. 그런데 이번에는 왕자가 두꺼비가 됐대."

"왜?"

"약속을 어겼거든."

범상치 않은 사건이나 인과관계가 분명하지 않은 사건을 연달아 들려주면 아이의 입에서 '왜'라는 질문이 나오지 않을 수 없습니다. 동화책을 읽을 때 응용하시면 좋습니다.

다음으로, 방법을 묻는 '어떻게'를 유도하는 대화법입니다.

"엄마, 이거."

"용찬이가 우유를 가져왔구나."

"나, 줘."

"뚜껑 열어줘?

"응."

"용찬이가 해봐."

"어떻게 열어?"

이 대화에서 아이가 '어떻게'라고 질문하는 기폭제는 "용찬이가 해봐"라는 말에 있습니다. 아이에게 맡기면 방법을 물을 수밖에 없습니다. 단, 아이가 뚜껑 여는 법을 모르고 있어야 합니다. 이미 알고 있다면 묻지 않고 바로 열겠지요. 그럴 때는 이렇게 해보세요.

"용찬아, 텔레비전 볼까?"

"뽀로로 보여줘."

"리모컨 가져올래?"

"여기 있어."

"용찬이가 켜줄래?"

"어떻게 켜?"

휴대전화의 비밀번호 풀기, 리모컨으로 가전제품 작동시키기 등 어른의 도움을 받아야 할 일은 아주 많습니다. 다양한 상황에서 응용해보세요.

일상적인 놀이로 낱말을 익혀요

이번 장에서는 일상적인 활동을 통해 낱말을 익히는 언어놀이를 소개하겠습니다. 여기에서 소개하는 놀이는 평소에 집이나 야외에서 할 수 있는 활동입니다. 아이는 주로 명사와 동사 표현을 배우게 되며, 어른이 해당 표현을 들려줌으로써 아이의 이해를 돕는 방식으로 진행됩니다. 하루 30분 정도 시간을 내서 아이와 놀아주세요. 아이의 언어 발달은 물론 정서 발달에도 큰 도움이 될 것입니다.

동물 소리 흉내 내기

· 적정 연령: **21~24개월** · 목표: **동물의 이름과 소리 익히기** · 준비물: **동물 그림 카드**

놀이 방법

동물 소리를 들려주면 아이가 그 동물의 이름을 댑니다. 그다음에는 역할을 바꾸어 아이가 동물 소리를 내면 어른이 그 동물의 이름을 맞혀요. 두 가지 동물 소리를 내서 아이가 그 동물들의 이름을 맞히는 놀이도 합니다.

관련 표현

- 개(강아지): 멍멍
- 고양이: 야옹
- 소(송아지) : 음메
- 호랑이(사자): 어흥(으르렁)
- 말: 따그닥 따그닥, 히힝 히힝
- 돼지: 꿀꿀
- 염소: 메에
- 오리: 꽥꽥
- 병아리: 삐약 삐약
- 닭: 꼬끼오
- 개구리: 개굴개굴
- 매미: 맴맴
- 갈매기: 끼룩 끼룩
- 귀뚜라미: 쓰르륵 쓰르륵, 귀뚤 귀뚤
- 부엉이: 부엉 부엉
- 참새: 짹짹
- 쥐: 찍찍찍

1 단계

아이와 사이를 두고 마주 앉습니다. 동물 카드를 한 장 뽑습니다. 그 카드에 돼지 그림이 있다면 아이에게 "꿀꿀" 하고 돼지 소리를 들려주고 나서 "무엇일까요?" 하고 묻습니다. 아이가 "돼지!"라고 한다면 감추고 있던 동물 카드를 보여주며 크게 칭찬해주세요.

같은 방법으로 소, 닭, 개구리, 강아지, 고양이 등 동물의 소리를 들려주고 그 동물의 이름을 맞히게 합니다. 갖고 있는 동물 카드를 모두 맞혔다면 역할을 바꾸세요. 아이가 동물 소리를 내고 어른이 맞힙니다.

2 단계

한 번에 두 가지의 동물 소리를 들려주세요. 동물 카드를 두 장 뽑습니다. 예를 들어 그 카드에 각각 강아지와 고양이 그림이 있다면 "멍멍, 야옹 야옹" 하는 소리를 들려준 후 "무엇과 무엇일까요?"라고 묻습니다. 아이가 "강아지랑 고양이!"라고 대답했다면 "정답!" 하고 외칩니다. 아이가 어떤 동물들인지 맞히기 어려워하면 감추고 있던 카드의 그림을 보여주세요. 전부 보여줘도 좋고, 손바닥으로 그림의 일부를 가리고 보여줘도 좋습니다.

전문가의 조언

소리나 형태를 이름과 연결 짓는 능력은 언어 발달에 매우 중요합니다. 감각적 자극과 이미지를 언어로 통합할 수 있기 때문이에요. 아이가 동물, 탈것 등 다양한 동물과 사물의 소리를 경험하고 이름을 익힐 수 있게 해주세요.

얼굴과 손발에 스티커 붙이기

• 적정 연령: **17~20개월** • 목표: **얼굴과 손발 관련 낱말 익히기** • 준비물: **스티커 (또는 포스트잇)**

놀이 방법

눈, 코, 입, 손, 발 등의 이름을 말하며 그 부위에 스티커를 붙여요. 아이는 스티커를 떼면서 그 부위의 이름을 말합니다. 어른의 얼굴과 손발에 아이가 직접 스티커를 붙이는 놀이도 합니다.

관련 표현

• 눈	• 코	• 입	• 귀
• 이마	• 턱	• 볼(뺨)	• 목
• 손	• 발	• 손목	• 발목

1 단계

아이와 마주보고 앉습니다. 아이의 코에 스티커를 붙이며 이렇게 말해요.

"코, 코, 코, 코."

아이가 스티커를 찾아서 떼면 이렇게 말합니다.

"엄마 코에 붙여."

아이가 엄마 코에 스티커를 붙이면 "우와, 코에 붙였네! 잘했어요!" 하며 칭찬해주세요.

이런 식으로 눈, 코, 입, 귀, 이마, 턱, 볼, 목, 손, 발 등에 스티커를 붙였다 떼기를 합니다. 다음과 같이 노래를 부르며 하면 더 즐겁게 할 수 있어요.

"코, 코, 코, 사과 같은 내 얼굴 예쁘기도 하구나, 코도 반짝 눈도 반짝 입도 반짝 반짝!"

2 단계

눈을 감고 스티커 찾기를 합니다.

우선 아이에게 "눈을 감아"라고 말해요. 그사이에 아이의 코에 스티커를 붙입니다. 눈을 뜨라고 한 후 "어디에 붙었나?" 하고 물어보세요. 아이가 잘 찾아서 떼어내면 "우와, 찾았다. 용찬이 코에 붙었구나!" 하며 칭찬해주세요. 아이가 어려워하면 거울을 보여주세요. 이런 식으로 눈, 코, 입, 귀, 손, 발 등에 스티커를 붙이고 아이가 떼게 합니다.

이제는 역할을 바꾸세요. 아이가 어른의 얼굴이나 손발에 스티커를 붙이는 거예요. 어른은 (최대한 어려운 척하며) 스티커를 찾습니다. 그리고 스티커를 떼면서 "귀에 붙었네!"라고 말해주세요.

놀이에 익숙해지면 스티커를 동시에 두 개씩 붙여보세요. 예를 들면 눈과 귀에 하나씩 붙이는 겁니다.

인형을 상대로 놀이를 할 수도 있어요. 자기 코에 붙어 있던 스티커를 떼어 인형 코에 붙이는 거예요. 이때는 "곰돌이 코에 붙었네(혹은 붙였네)!"라고 말해주세요.

전문가의 조언

얼굴에는 외부 자극을 받아들이는 주요 감각 기관이 있습니다. 눈은 사물을 보고, 코로는 냄새를 맡지요. 입 속 혀는 맛을 보고, 귀는 소리를 듣습니다. 손과 발도 마찬가지입니다. 놀이를 하며 감각 기관의 역할을 함께 말해주세요.

- 눈으로 봐요.
- 귀로 들어요.
- 코로 냄새를 맡아요.
- 입으로 음식을 먹어요.
- 혀로 맛을 봐요.
- 손으로 잡아요.
- 발로 차요.

몸으로 병뚜껑 나르기

• 적정 연령: **29~32개월** • 목표: **몸의 세부 명칭 들려주기** • 준비물: **병뚜껑(또는 지우개), 바구니**

놀이 방법

몸의 한 부위의 이름을 말하며 그 부위에 병뚜껑을 올리고 바구니가 있는 곳까지 갑니다. 병뚜껑을 바구니에 넣습니다. 이때 몸의 세부 명칭은 아이가 잘 알고 있는 이름부터 낯설어하는 이름까지 난이도를 점점 높입니다.

관련 표현

- 어깨
- 허리
- 엉덩이
- 가슴
- 배
- 등
- 무릎
- 정수리
- 뒤통수
- 뒷덜미(목덜미)
- 눈썹
- 속눈썹
- 귓바퀴
- 귓등
- 미간
- 인중
- 목젖
- 쇄골
- 겨드랑이
- 명치
- 옆구리
- 사타구니
- 손마디
- 손가락(엄지, 중지, 약지, 새끼손가락)
- 허벅지
- 종아리
- 오금
- 복숭아뼈

1 단계

방 한쪽에 바구니를 두고 그 반대편의 적당한 거리에 아이와 나란히 섭니다. 아이에게 병뚜껑을 주면서 다음과 같이 말하세요.

"어깨에 올려요."

내 어깨에도 병뚜껑을 올립니다. 그런 다음 아이와 동시에 출발합니다. 걷거나 기어가서 병뚜껑을 목표 지점인 바구니 안에 넣는 거예요. 중간에 병뚜껑을 떨어뜨리면 출발점으로 되돌아와서 다시 출발합니다. 전통 놀이인 비석치기와 비슷해요.

허리, 엉덩이, 가슴, 배, 등, 무릎 등의 신체부위에도 병뚜껑을 올리고 움직여 바구니에 넣습니다.

2 단계

몸과 관련해서 좀 더 어려운 말을 사용하며 놀이를 합니다. 정수리, 뒤통수, 명치, 갈비뼈, 허벅지, 손등, 발등, 엄지손톱에 병뚜껑을 올려서 나르는 거예요.

전문가의 조언

영유아기에 몸을 인식하는 것은 자아의 형성과 관계가 깊습니다. 몸의 위치와 움직임, 그 움직임으로 생기는 현상을 통해 신체와 외부 세계, 타인의 존재를 인식하면서 '나의 경계'를 알게 되거든요. 몸을 씻겨주거나 마사지를 해주면서 손이 닿는 부분의 이름을 말해주세요. 어휘도 늘고 자기 몸에 대한 이해도 높아집니다.

우리 집 물건 제자리에 돌려놓기

- 적정 연령: 17~20개월 · 목표: 집 안 장소와 물건 이름 들려주기
- 준비물: 물건을 담을 상자, 넥타이, 공, 숟가락, 두루마리 휴지, 머리빗 등

놀이 방법

미리 상자에 공, 두루마리 휴지, 숟가락, 머리빗 등을 담아둡니다. 안방, 부엌, 화장실(욕실) 등을 다니며 그곳에서 쓰이는 사물들의 이름을 들려준 뒤에 아이에게 상자 안에 있는 물건들을 제자리로 돌려놓게 합니다.

관련 표현

- 안방: 이불, 요, 베개, 침대, 화장대, 거울, 옷장, 옷걸이, 바지 · 윗도리 등 의류 이름
- 부엌: 가스레인지, 싱크대, 찬장, 그릇, 접시, 컵, 프라이팬, 주전자, 냄비, 주걱, 칼, 도마, 국자, 수저, 포크, 젓가락, 숟가락, 고무장갑, 식탁, 의자, 냉장고 등
- 화장실(욕실): 수건, 휴지, 비누, 샴푸, 칫솔, 치약, 면도기, 세제, 거울, 변기, 세숫대야, 샤워기 등
- 거실: 텔레비전, 라디오, 리모컨, 어항, 전등, 형광등, 커튼, 액자, 벽시계, 카펫, 콘센트 등
- 베란다(창고): 화분, 청소기, 바구니, 우산, 망치 · 톱 · 못 등 공구류, 공, 야구방망이, 킥보드, 자전거, 봉지. 비, 총채, 쓰레받기 등

1 단계

넥타이와 공, 숟가락, 휴지, 머리빗 등을 미리 상자에 담아놓습니다. 아이와 함께 안방으로 가서 그곳에 있는 물건들을 하나하나 가리키며 이렇게 말하세요.

"여기 침대가 있어요."

"여기 이불이 있어요."

"여기 화장대가 있어요."

"여기 옷장이 있어요."

"옷장 문을 열어보겠습니다."

"여기 바지가 있어요."

"여기 와이셔츠가 있어요."

"여기 점퍼가 있어요."

물건 이름을 알려줄 때 아이가 사물을 제대로 보고 있는지 확인하세요. 안방 탐방을 마쳤나요? 이제 아이가 물건을 돌려놓을 순서입니다. 물건이 담긴 상자를 보여주면서 다음과 같이 물어보세요.

"안방에 두어야 할 것은 무엇일까요?"

아이가 넥타이를 집어든다면 정답! 꺼낸 넥타이를 옷장 안에 걸어둡니다. 이런 식으로 다른 장소에서도 놀이를 합니다.

2 단계

난이도를 올려보겠습니다. 방법은 두 가지입니다.

첫 번째 방법은 제자리로 돌려놓아야 할 물건을 장소마다 두세 개로 늘리는 거예요. 넥타이와 스카프(안방), 국자와 포크(부엌), 면도기와 칫솔(화장실)… 이런 식으로 준비합니다.

두 번째 방법은 여러 장소를 동시에 돌아보는 겁니다. 안방과 거실, 부엌, 화장실 등을 연이어 둘러보고 상자 속 물건을 제자리에 돌려놓는 거예요. 아이 입장에서는 기억해야 할 게 많아집니다.

주의할 것은 이 놀이의 목적이 아이가 적재적소에 물건을 가져다 놓는 것이 아니라는 겁니다. 어른이 직접 집 안 물건들의 이름을 들려주는 게 목적이에요. 그러니 아이가 틀리더라도 친절하게 다시 얘기해주세요.

전문가의 조언

아이들은 보고 만질 수 있는 사물의 이름을 가장 먼저 배웁니다. 집에 있는 물건들은 모두 특별한 모양과 질감을 갖고 있어요. 아이와 함께 직접 물건을 보고 만지면서 "둥그렇네", "딱딱하구나", "차갑다", "길쭉하네"와 같은 형용사를 들려주세요. 물건의 이름과 특징을 나타내는 단어를 함께 익힐 수 있습니다.

집안일 돕기
: 청소 :

- 적정 연령: **25~28개월**
- 목표: **청소 도구의 이름과 '무엇으로 무엇을 어떻게 하다' 표현 들려주기**
- 준비물: **청소 도구**

놀이 방법

청소하는 모습을 아이에게 보여줍니다. 청소 도구를 조작하거나 직접 청소를 하면서 이를 말로 설명합니다.

관련 표현

- 플러그를 콘센트에 꽂아요.
- 청소기로 바닥을 닦아요/밀어요.
- 플러그를 콘센트에서 뽑아요/빼요.
- 걸레를 손으로 빨아요/헹궈요/짜요.
- 걸레로 바닥을 닦아요/훔쳐요.
- 쓰레받기로 먼지를 담아요.
- 손가락으로 버튼을 눌러요.
- 청소기 코드를 감아요.
- 걸레를 물에 적셔요.
- 걸레를 건조대에 널어요.
- 비로 바닥을 쓸어요.
- 총채로 먼지를 떨어요.

1 단계

청소 도구부터 찾을까요? "청소기가 어디에 있지?" 하고 아이에게 물어보세요. 눈에 잘 띄는 곳에 있다면 금방 찾을 수 있을 거예요. 만약 베란다나 창고 같은 곳에 넣어두었다면 함께 가서 꺼내오세요. 청소기가 준비되었다면 이제 놀이를 시작합니다!

청소기 코드를 플러그에 꽂으면서 말해주세요.

"청소기를 켜요."

그다음은 전원을 넣어야겠지요?

"버튼을 눌러요."

전원이 들어왔나요? 이제 먼지를 없애야겠군요.

"바닥을 밀어요."

이렇게 말하면서 청소를 합니다.

옆에서 아이가 직접 해보고 싶다고 하면 잠깐 아이의 손에 청소기를 쥐어 줄 수도 있어요. 이때 "용찬이가 청소기로 바닥을 밀어요"라고 말해주세요.

2 단계

더 길고 구체적으로 표현해볼게요.

먼저 청소기 끄기.

"버튼을 눌러서 청소기를 꺼요."

'버튼을 눌러서'라는 표현이 들어가면서 문장이 더 길어졌어요.

그다음엔 플러그 빼기.

"플러그를 콘센트에서 뽑아요."

마지막으로 코드를 감을게요.

"버튼을 눌러서 코드를 감아요."

청소기로 바닥을 한 번 싹 밀었어요. 깨끗해서 기분이 좋아요. 그런데 바닥에 얼룩이 있네요. 닦아야겠어요. "바닥을 닦자. 걸레가 어디에 있지?" 라고 말하면서 걸레를 함께 찾아보세요. 아이가 먼저 찾았다면 칭찬해주고 함께 걸레를 가져와서 쓱쓱싹싹 걸레질을 합니다.

"걸레로 바닥을 깨끗이 닦아요."

열심히 걸레질을 했네요. 훌륭합니다.

자, 이제 걸레를 빨고 널어볼까요? 그 과정에서 다음의 표현을 들려줄 수 있습니다.

- 걸레를 물에 적셔요.
- 손으로 걸레를 비틀어서 짜요.
- 걸레를 물에 헹궈요.
- 걸레를 건조대에 널어서 말려요.

전문가의 조언

청소기와 같은 기계를 조작하는 일은 인과관계를 이해하는 활동이기도 합니다. 버튼을 누르면 청소기가 켜지고 다시 누르면 꺼지지요. 또한 청소기로 바닥을 밀면 깨끗해집니다. 이런 변화를 말로 설명해주세요. "와, 버튼을 눌렀더니 켜졌어", "청소기로 미니까 바닥이 깨끗해졌어"라고요. 원인에 따른 결과를 이해하는 것은 논리적 사고의 바탕이 됩니다.

집안일 돕기

: 빨래 :

· 적정 연령: **25~28개월** · 목표: **옷의 종류와 '무엇으로 무엇을 어떻게 하다' 표현 들려주기**
· 준비물: **빨래할 옷, 빨래집게, 빨래바구니**

놀이 방법

빨래하는 과정을 아이가 지켜보게 합니다. 빨래를 모아서 세탁기에 넣어 돌리고, 빨래가 다 되면 세탁기에서 꺼내 건조기에 함께 널어요. 마른 빨래는 정리합니다. 이 모든 과정을 말로 들려줍니다.

관련 표현

- 빨래할 옷가지(양말, 바지, 속옷, 팬티, 윗도리, 수건)를 세탁바구니에 담아요.
- 세탁기 문을 열어요.
- 빨래를 세탁기 안에 넣어요.
- 세탁기 문을 닫아요.
- 세제를 넣어요.
- 전원 버튼을 눌러요.
- 세탁 방법을 선택해요.
- 시작 버튼을 눌러요.
- 윗도리를 옷걸이에 걸어요.
- 바지를 빨래집게로 집어요.
- 양말을 건조대에 널어요.
- 속옷을 펴서 널어요.
- 마른 빨래를 정리해요.

1 단계

빨래할 옷을 모아서 세탁기에 넣을게요. 아이에게 다음과 같이 말해주세요.

"세탁기에 빨래를 넣어요."

구체적으로 옷의 종류를 말해줘도 좋아요.

"세탁기에 바지를 넣어요."

"세탁기에 윗도리를 넣어요."

빨래를 다 넣었으면 세탁기를 작동시킵니다. 이 과정을 다음과 같이 말로 설명해주세요.

"세탁기 문을 닫아요."

"세제를 넣어요."

"전원 버튼을 눌러요."

"세탁 방법을 선택해요."

"시작 버튼을 눌러요."

이제 세탁기가 열심히 일하겠지요?

빨래가 다 되면 꺼내 건조대에 널면서 다음과 같이 말해봅니다.

"윗도리를 옷걸이에 걸어요."

"바지를 빨래집게로 집어요."

"양말을 건조대에 널어요."

"속옷을 펴서 널어요."

2 단계

빨래한 옷들이 다 말랐다면, 종류별로 나눠서 정리합니다. 윗옷, 아래옷, 속옷, 겉옷으로 나누어서 옷장에 넣도록 할게요.

잘 마른 빨래를 큰 바구니에 담거나 거실에 쏟아놓고 이렇게 말해요.

어른: "용찬아, 윗옷은 엄마 줘."

아이: "여기."

어른: "아니, 그거 말고 저거 셔츠."

아이: "셔츠?"

어른: "그래, 셔츠."

아이: "자, 여기."

어른: "용찬이가 윗옷을 골라줬네. 고마워."

이렇게 윗옷과 아래옷, 혹은 속옷과 겉옷으로 나누어 정리합니다. 그런 다음 물어보세요.

어른: "겉옷은 어디에 두는 게 좋을까?"

아이: "안방."

어른: "그래, 겉옷은 안방 옷장에 두자."

전문가의 조언

집안일을 함께 하면서 아이는 많은 말을 배웁니다. 말 배울 시간을 따로 내지 않아도 되니 더욱 좋지요. 게다가 아이들은 어른 일을 돕는 걸 무척 좋아한답니다.

집안일 돕기

: 설거지 :

• 적정 연령: **25~28개월** • 목표: **주방용품의 이름과 '무엇으로 무엇을 어떻게 하다' 표현 들려주기**
• 준비물: **설거지할 그릇, 수세미, 세제, 고무장갑**

놀이 방법

설거지하는 모습을 아이가 보게 합니다. 설거지를 하면서 그 과정을 얘기해줍니다.

관련 표현

- 고무장갑을 손에 껴요.
- 수도꼭지를 돌려요.
- 물을 틀어요.
- 수세미에 세제를 묻혀요.
- 수세미를 주물러 거품을 내요.
- 수세미로 그릇을 닦아요.
- 그릇을 물로 헹궈요.
- 수도꼭지를 잠가요.
- 수세미를 정리해요.
- 접시를 뒤집어서 건조대에 올려요.
- 고무장갑을 벗어요.

1 단계

의자를 준비합니다. 아이를 그 위에 올려서 개수대에 가득 쌓인 설거지거리를 볼 수 있게 해요. 이제 설거지를 시작하면서 그 과정을 다음과 같이 얘기해줍니다.

"고무장갑을 손에 껴요."

"물을 틀어요."

"수세미에 세제를 묻혀요."

"거품을 내요."

"그릇을 닦아요."

그릇을 물에 헹구는 것 정도는 아이가 한번 해볼 만해요. 깨지지 않는 컵이나 숟가락을 맡겨도 좋습니다. 아이에게 헹굴 그릇을 넘기면서 다음과 같이 말해요.

"물로 컵을 헹궈요."

"헹군 컵을 건조대에 올려요."

2 단계

좀 더 긴 표현을 해보겠습니다. 두 개의 동작을 하나로 이어서 다음과 같이 말해주세요.

"고무장갑을 끼고 물을 틀어요."

"수세미에 세제를 묻혀서 거품을 내요."

"컵을 헹궈서 건조대에 올려요."

정리까지 마쳤다면 사진으로 찍어두세요. 퇴근하고 돌아오는 엄마 혹은 아빠에게 아이가 자랑할 수 있게 말이에요.

전문가의 조언

설거지는 매일 이루어지는 활동입니다. 아이와 함께 하기에는 조금 번잡하지만, 한 번쯤 '구경'시켜볼 만해요. 아이가 주방 용품의 이름, 조리 도구의 쓰임새, 조사를 포함한 구절을 익히는 데 도움을 준답니다.

냉장고 정리하기

· 적정 연령: **29~32개월** · 목표: **음식의 이름과 위치를 가리키는 낱말 들려주기** · 준비물: **냉장고 속 음식**

놀이 방법

아이와 함께 냉장고 문을 열고 안에 있는 음식의 이름을 말해요.
버릴 음식은 꺼내고, 나머지는 종류별로 위치를 정해 정리합니다.

관련 표현

- 조리 음식: 김치찌개 · 된장찌개 · 동태찌개 · 두부찌개 등 찌개류, 미역국 · 감잣국 · 무국 등 국류, 김치, 깍두기, 마른반찬, 젓갈, 볶음, 각종 나물, 장아찌 등
- 음식 재료: 감자 · 양파 · 당근 · 시금치 등 채소류, 소고기 · 닭고기 · 돼지고기 등 고기류, 고등어 · 갈치 · 삼치 · 꽁치 · 오징어 · 새우 등 해물류 등
- 소스: 간장, 식초, 케첩, 마요네즈 등
- 음료수: 콜라, 사이다, 우유, 요구르트, 커피, 주스, 생수 등
- 이 밖에 케이크, 초콜릿, 사탕, 과일, 통조림 등도 냉장고에 있습니다.

1 단계

냉장고 문을 열고 안에 무엇이 들어 있나 봅니다. 김치가 담긴 그릇을 꺼내며 다음과 같이 말할 수 있어요.

"안쪽에 김치가 있어요."

냉동실도 살펴보아요.

"위에 고등어가 있어요."

"아래에 얼음이 있어요."

그런 다음 버려야 할 것들을 골라냅니다. 주로 유통기한이 지난 것들이겠지요. 이때 포장이 잘된 것은 심부름을 시킬 수 있어요.

"요구르트를 바구니에 담아주세요."

"어묵을 바구니에 담아주세요."

"잼을 바구니에 담아주세요."

오래된 음식들은 싱크대로 보내며 아이에게 다음과 같이 설명할 수 있습니다.

"김치찌개가 상했네."

"미역국이 쉬었네."

2 단계

버릴 음식을 다 꺼냈다면 그 음식들을 종류별로 나누어서 정리합니다. 이때 위치를 가리키는 말과 함께 음식의 이름을 말해주세요.

"우유는 아래 칸에 놓자."

"감자는 채소 칸에 넣자."

"멸치볶음은 위로 올리자."

이런 식으로 음식의 위치를 옮기면서 음식의 이름도 함께 말해주세요. 냉장고는 다양한 음식 이름을 배우기에 최적화된 공간입니다. 위치를 가리키는 낱말도 쓸 수 있고요. 생각보다 많은 낱말이 냉장고 안에 숨어 있답니다.

전문가의 조언

냉장고에 들어 있는 음식은 저마다 조리법이 다릅니다. 김치는 담그고 찌개는 끓입니다. 나물은 무치고 생선은 조립니다. 튀기거나 데치는 음식도 있지요. 그러니 아이에게 반복해서 말해주세요.

"김치는 담그는 거야."

"고등어를 조렸어."

"시금치 무쳐줄까?"

당장은 아이가 이해하지 못하더라도 반복해서 듣다 보면 어휘가 부쩍 늘 거예요.

동네 한 바퀴

- 적정 연령: **29~32개월** - 목표: **길거리에 있는 사물과 가게 이름, 하는 일 말해주기** - 준비물: **스마트폰**

놀이 방법

아이와 함께 동네 나들이를 해요. 길거리, 상가 등을 구경하며 무엇이 있는지 말해줍니다. 동네 곳곳을 배경으로 사진을 찍고, 집에 돌아와서 사진을 보며 어디에서 무엇을 보았는지 한 번 더 말해줍니다.

관련 표현

- 풍경 관련: 도로, 신호등, 자동차, 전봇대, 신호등, 건널목, 가로등, 계단, 화분, 꽃, 주차장, 간판, 담장, 홈통, 하수구 등
- 상가 관련: 식당, 옷가게, 미용실, 세탁소, 떡집, 정육점, 편의점, 부동산, 학원, 동물병원, 빵집, 꽃집, 커피숍 등

1 단계

집을 나서는 순간부터 시작할게요.

현관문을 열면 엘리베이터 혹은 계단이 나옵니다. 집을 나서면 길이 나오고 양옆으로 도로와 차량, 담장과 간판이 보입니다. 모두 사진으로 찍어요. 그리고 함께 구경하면서 다음과 같이 말해주세요.

"여기 담장이 있네."

"여기 꽃밭이 있네."

"저기 차가 다니네."

"저기 간판이 있네."

걷다 보니 각종 가게들이 눈에 띄는군요. 가게 이름과 함께 무엇을 하는 곳인지 알려주세요.

"저기는 옷가게야. 옷가게에서는 옷을 팔아."

"저기는 식당이야. 식당에서는 음식을 만들어 팔지."

"저기는 세탁소야. 세탁소에서는 옷을 깨끗하게 해줘."

다음의 예를 참고해 눈에 보이는 가게의 이름과 그곳에선 무엇을 하는지를 말해주세요.

- **식당:** 음식을 먹는 곳
- **옷가게:** 옷을 파는 곳
- **미용실:** 머리를 깎거나 파마를 하는 곳
- **세탁소:** 옷을 깨끗이 하는 곳
- **떡집:** 떡을 파는 곳

- **정육점:** 고기를 파는 곳
- **편의점:** 각종 물건을 파는 곳
- **부동산:** 집을 사고파는 곳
- **학원:** 배우고 공부하는 곳
- **동물병원:** 동물을 치료하는 곳
- **빵집:** 빵을 파는 곳
- **꽃집:** 꽃을 파는 곳
- **커피숍:** 커피를 마시는 곳

특히 상가에는 여러 가게들이 한데 모여 있으니 간판 사진을 찍어두세요.

2 단계

꾸미는 말을 활용하여 길가의 사물을 좀 더 구체적으로 설명합니다.

"저기 키가 큰 가로수가 있어."

"빨간 자전거가 지나가네."

"지붕이 파란 빵집이야."

무엇이 혹은 누가 어느 위치에 있는지, 몇 층에 무슨 가게가 있는지에 대해 설명할 수도 있습니다.

"편의점 오른쪽에 미용실이 있어요."

"용찬이가 편의점 앞에 있어요."

"나은이가 정육점 앞에 있어요."

"정육점 뒤로 나무가 보여요."

"1층에 옷가게가 있어요. 그 위층에 학원과 미용실이 있어요."

"우체국 옆에 오토바이가 서 있네."

집에 돌아와 찍은 사진을 함께 보면서 다시 한 번 설명합니다. 어렵지 않지요?

퇴근 후 산책 삼아 아이와 동네를 한 바퀴 돌아보세요. 어른은 쌓인 피로를 풀고 아이는 말을 배울 수 있습니다.

전문가의 조언

아이들이 말을 배울 때 가장 중요한 것은 '경험'입니다. 그림이나 사진만 보고 익힌 것보다 엄마와 아빠의 손을 잡고 다니며 직접 보고 익힌 낱말이 훨씬 기억에 깊이 남아요. 가장 좋은 언어 교재는 엄마 아빠의 목소리라는 걸 늘 기억하시고, 아이와 일상을 함께하며 많은 말을 들려주세요.

놀이터에서 놀기

• 적정 연령: **29~32개월** • 목표: **놀이 기구의 이름과 움직임을 표현하는 말 들려주기** • 준비물: **놀이 기구**

놀이 방법

놀이 기구를 이용하여 움직임을 표현하는 말을 들려줍니다.

관련 표현

- 타다/내리다
- 밀다/당기다
- 올라가다/내려가다
- 잡다/놓다
- 앉다/서다
- 미끄러지다
- 매달리다

1 단계

놀이터에는 여러 가지 놀이 기구들이 있어요. 움직이는 기구도 있고 매달리거나 통과해야 할 것들도 있지요. 그렇기에 놀이터에서는 아이와 함께 놀면서 많은 동사 표현을 배울 수 있습니다.

먼저 그네를 타볼게요. 아이에게 다음과 같이 말해주세요.

"그네 탈까?"

"여기에 앉아요."

"줄을 잡아요."

"아빠가 민다."

"다리를 펴요."

이번에는 시소를 타볼까요?

"여기에 앉아요."

"손잡이를 잡아요."

"엄마도 탄다."

"용찬이가 위로 올라가요."

"엄마는 아래로 내려간다."

2 단계

놀이 기구를 이용할 때는 순서를 정할 수 있어요. 먼저 이용할 것과 나중에 이용할 것을 정해서 다음과 같이 말해요.

"그네 타고 나서 시소 타요."

"시소 타기 전에 그네 타요."

"먼저 미끄럼틀 타자."

"그네는 나중에 타자."

무엇을 먼저 탈지 물어볼 수도 있어요.

"우리 시소 타기 전에 뭐 할까?"

"어떤 거 먼저 탈까?"

전문가의 조언

아이와 놀이터에서 놀 때 주의하셔야 할 게 있어요. 아이의 행동을 어른의 시선에 맞게 고치라고 하거나 어른이 들려주고 싶은 말을 듣도록 강요해선 안 됩니다. 아이가 놀이에 열중할 때는 그대로 두세요. 옆에서 아이가 하는 동작을 말로 들려주는 것으로 충분하답니다.

공 가지고 놀기

• 적정 연령: **29~32개월** • 목표: **움직임을 표현하는 말 들려주기** • 준비물: **축구공, 농구공, 야구 세트 등**

놀이 방법

축구, 야구, 농구 등 공놀이를 함께 하면서 움직임을 표현하는 말을 들려줍니다.

관련 표현

- 뛰다/달리다
- 걷다/멈추다
- 던지다/받다
- 주다/받다
- 잡다/놓다
- 끼다/벗다
- 치다
- 차다
- 굴리다
- 튀기다
- 휘두르다

1 단계

축구는 규칙이 간단하면서도 방법이 쉬워서 아이와 함께 하기 좋아요. 아이와 공을 차면서 다음과 같이 말해주세요.

"발로 공을 차요."

"공을 굴려요."

"공을 막아요."

야구는 방망이로 공을 치는 경기이지요. 다음과 같은 표현을 들려줄 수 있습니다.

"방망이를 잡아요."

"방망이를 휘둘러요."

"방망이로 공을 쳐요."

"공을 잡아요."

"공을 던져요."

"야구장갑을 껴요."

"야구장갑을 벗어요."

농구는 공을 던져서 바구니에 넣는 경기입니다.

"공을 튀겨요."

"두 손으로 공을 잡아요."

"공을 던져요."

"공을 집어넣어요."

2 단계

이제 연속 동작을 표현해봅니다. 다음과 같이 말하여 행동을 요구하세요.

"달려가서 공을 잡아."

"공을 잡아서 던져."

"방망이를 잡고 휘둘러!"

"방망이를 휘둘러서 공을 쳐!"

어른이 직접 시범을 보여도 좋습니다.

"자, 따라 해봐. 방망이를 두 손으로 잡고 이렇게 휘두르는 거야."

이처럼 한 문장 안에서 두 개의 동사를 들려줄 수 있습니다.

전문가의 조언

공으로 할 수 있는 놀이는 무척 많습니다. 또한 공이 될 수 있는 물건도 많아요. 둥글게 만 양말이나 종이뭉치를 공처럼 사용할 수 있고, 야외라면 바닥에 떨어진 솔방울을 공처럼 가지고 놀 수 있어요. 굴러가는 모든 것을 공으로 활용할 수 있습니다. 다양한 공으로 즐겁게 공놀이를 하면서 다양한 표현을 들려주세요.

계절 나들이

: 봄, 모종 심기 :

- 적정 연령: **29~32개월**
- 목표: **봄에 볼 수 있는 사물의 이름, 움직임과 상태를 표현하는 말 들려주기**
- 준비물: **화분, 모종, 모종삽 등**

놀이 방법

봄에 하는 모종 심기를 아이와 함께 하면서 관련 표현을 들려줍니다.

관련 표현

- 도구 이름: 모종삽, 물뿌리개, 장갑, 모자 등
- 작물 이름: 꽃, 감자, 상추, 당근, 딸기 등
- 세부 명칭: 씨앗, 뿌리, 줄기, 이파리, 꽃, 열매 등
- 동사: (땅을) 파다, (흙을) 덮다, (물을) 뿌리다, (물을) 붓다, (물에) 젖다, (물에) 적시다, (물을) 말리다 등
- 형용사: 따뜻하다, 시원하다, 선선하다, 부드럽다/딱딱하다, 예쁘다 등

1 단계

우리나라는 봄, 여름, 가을, 겨울이라는 계절이 있습니다. 각 계절마다 특색이 있고 다양한 외부 활동을 할 수 있어서 말 배우기도 좋아요. 먼저 봄에 하는 모종 심기 활동을 통해 관련 명사와 동사, 형용사를 익혀보겠습니다.

우선 모종삽으로 땅파기를 합니다. 이때 다음과 같은 말을 들려줄 수 있어요.

"모종삽으로 땅을 파요."

흙의 상태에 대해서도 말할 수 있어요.

"와, 흙이 부드럽네."

"여기는 딱딱한데?"

다음으로 모종을 심습니다. 모종을 보며 식물의 세부 명칭을 알려줄 수 있습니다.

"여기는 뿌리, 여기는 줄기, 여기는 이파리예요."

모종을 심고 나서 흙으로 덮어줍니다. 주위에 있는 흙을 모아서 아이가 발로 밟게 하거나 모종삽으로 흙을 두드리며 말로 설명해주세요.

"구멍난 곳을 흙으로 덮어요."

"흙더미를 발로 밟아요."

"모종삽으로 흙을 두드려요."

"흙더미가 단단해졌어요."

마지막으로, 물을 뿌리며 다음과 같은 표현을 들려줍니다.

"물뿌리개로 물을 줘요."

"흙이 젖었어요."

이 모든 과정을 사진으로 찍어둡니다.

2 단계

사진을 보며 모종을 심었던 일을 얘기합니다. 다음과 같이 말해주세요.

"용찬이가 모종삽으로 땅을 파네."

"발로 흙더미를 밟는구나."

"물을 주니까 흙이 젖었어."

함께 심은 모종이 앞으로 어떻게 될지 생각해볼 수도 있어요.

"우리가 심은 당근은 앞으로 어떻게 될까?"

"물을 주지 않으면 어떻게 될까?"

"날씨가 추워지면 어떻게 될까?"

시간이 흐른 뒤 모종을 심은 곳에 함께 가서 직접 확인하면 더 좋습니다.

전문가의 조언

봄은 따뜻합니다. 겨우내 움츠렸던 생물들이 다시 모습을 드러냅니다. 그 예로 꽃이 피고 개구리가 잠에서 깨어나죠. 얼음이 녹고 딱딱했던 땅도 부드럽게 녹아내려요. 주말농장 프로그램을 활용하거나 화분을 사서 베란다에 작물을 심어보세요. 모든 과정에서 아이는 다양한 낱말을 배울 수 있습니다. 또한 시차를 두고 사진으로 찍어두면 식물의 성장 과정을 한눈에 볼 수 있어 생태계의 신비로움을 깨닫게 할 수도 있답니다.

계절 나들이

여름, 바닷가에서

• 적정 연령: **29~32개월** • 목표: **여름에 볼 수 있는 사물의 이름, 움직임과 상태를 표현하는 말 들려주기**
• 준비물: **물놀이 도구**

놀이 방법

물놀이, 모래성 쌓기, 조개잡이 등 여름 활동을 하면서 관련 사물의 이름과 상태를 들려줍니다.

관련 표현

- 자연: 파도, 모래밭, 조개껍데기, 매미, 갈매기, 수평선 등
- 도구: 수영복, 수영모자, 물안경, 튜브, 모래삽, 양동이, 돗자리, 파라솔, 보트 등
- 동사: 헤엄치다, 물장구치다, (몸이) 젖다, (몸을) 말리다
- 형용사: 덥다/시원하다, 뜨겁다/차다, 미지근하다, 좋다, 재미있다, 신이 난다 등

1 단계

여름에는 물놀이가 제격입니다. 워터파크에서 물놀이를 할 수도 있지만, 바다에 가면 다양한 생물을 볼 수 있어요. 수영도 하고 조개잡이도 할 수 있지요.

물에 들어갈 때 아이에게 다음과 같이 말해요.

"물에 들어가자."

"튜브를 들고 와요."

"튜브를 허리에 끼워요."

"물안경을 써요."

"물 위에 엎드려서 다리를 아래위로 움직여요."

"발로 물을 차요."

"팔을 저어요."

물에 들어갔다 나오면 춥습니다. 샤워를 하고 옷을 갈아입은 뒤에 젖은 몸을 말립니다. 이 과정도 마찬가지로 말로 설명할 수 있어요.

2 단계

바닷가 모래사장에서 모래성 쌓기를 한다면 다음처럼 말할 수 있어요.

"삽으로 모래를 파요."

"모래를 양동이에 담아요."

"모래더미를 두드려요."

"깃발을 꽂아요."

"조개껍데기를 붙여요."

이 밖에 조개잡이, 보트 타기 등 다양한 활동을 하게 되면 그 상황에 걸맞은 표현을 들려주세요.

전문가의 조언

여름은 덥습니다. 그래서 선풍기, 에어컨처럼 더위를 식혀주는 가전제품이 있죠. 수박이나 참외와 같이 여름에만 먹을 수 있는 과일이 있고, 매미나 모기처럼 여름에 나타났다가 사라지는 곤충도 있지요. 아이에게 여름에 할 수 있는 것, 여름에만 볼 수 있는 것들에 대해서도 말해주세요.

계절 나들이

: 가을, 숲에서 캠핑하기 :

• 적정 연령: **29~32개월** • 목표: **가을에 볼 수 있는 사물의 이름, 움직임과 상태를 표현하는 말 들려주기**
• 준비물: **캠핑 장비, 캠핑 음식 재료**

놀이 방법

가을에 숲으로 떠난 캠핑에서 아이와 함께 다양한 활동을 하면서 말로 설명합니다.

관련 표현

- 자연: 나뭇가지, 낙엽, 이끼, 그늘, 잠자리, 모기, 애벌레, 풀벌레, 별자리, 은하수, 별똥별 등
- 도구: 배낭, 휴대용 가스레인지, 랜턴, 주머니칼, 텐트, 천막, 탁자, 불판, 집게, 가스, 전등, 물파스 등
- 동사: (텐트를) 치다, (텐트를) 걷다, (돗자리를) 깔다, (불판을) 달구다, (고기를) 집다, (불을) 피우다, (불을) 껴다/끄다, (벌레를) 잡다/놓치다 등
- 형용사: 어둡다/밝다, 조용하다/시끄럽다, 멀다/가깝다, 맛있다, 맵다, 싱겁다, 짜다, 달다, 빛나다, 따갑다, 가렵다 등

1 단계

가을은 캠핑에 제격인 계절입니다. 가을밤 숲속에서 들려오는 풀벌레 소리를 들으며 먹는 바비큐는 꿀맛이지요.

캠핑장은 집과 달라서 도착하면서부터 해야 할 일이 많아요. 아이가 돕거나 지켜보게 하면서 다음과 같이 말해주세요.

"돌을 치워요."

"돗자리를 펴요(깔아요)."

"텐트팩을 박아요."

"텐트를 쳐요."

"랜턴을 켜요."

"불을 피워요."

"고기를 구워요."

캠핑 용품은 제각기 용도가 있습니다. 그 쓰임새를 다음과 같이 말로 설명해주세요.

"배낭을 풀어요."

"주머니칼로 고기를 썰어요."

"라이터로 불을 붙여요."

"숯으로 고기를 구워요."

"집게로 고기를 뒤집어요."

2 단계

음식을 다 만들었으면 맛에 대해 얘기해주세요.

"고추를 많이 넣었더니 찌개가 맵네."

"고기가 싱거우니 소금에 찍어 먹자."

"사이다는 참 달다."

"오이가 조금 쓴데."

아이도 함께 맛을 보면 좋겠죠?

저녁이 되면 해가 집니다. 아름다운 밤하늘을 보며 아이에게 달의 모양이 어떤지, 어떤 별이 더 빛나는지 말해주세요.

"달이 동그랗고 환하게 빛나네."

"초승달이구나. 끝이 뾰족하네."

"반달이 비스듬히 떴어."

"저쪽에 있는 별이 유난히 반짝거린다."

전문가의 조언

가을 숲은 여름 숲과 다릅니다. 여름 나무는 잎이 무성하지만 가을 나무는 낙엽이 집니다. 여름 숲은 푸르지만 가을 숲은 다양한 빛깔로 물듭니다. 매미 소리 대신 귀뚜라미 소리가 들리고, 하늘은 더욱 맑고 높아집니다. 계절에 따른 변화도 아이에게 설명해주세요.

계절 나들이

⁝ 겨울, 눈썰매 타기 ⁝

- 적정 연령: **29~32개월**
- 목표: **겨울에 볼 수 있는 사물의 이름, 움직임과 상태를 표현하는 말 들려주기**
- 준비물: **털모자·장갑 등 방한용품, 눈썰매**

놀이 방법

아이들과 눈썰매장에 가서 열심히 놉니다. 그 과정에서 안전을 위해 해야 할 행동, 눈썰매를 타는 방법 등에 대해 하나씩 설명합니다.

관련 표현

- 자연 : 눈, 얼음, 고드름, 눈사람 등
- 도구: 난로, 모자, 장갑, 장화(부츠), 목도리, 외투 등
- 동사: (썰매를) 타다/내리다, (썰매를) 끌다, 미끄러지다, 넘어지다, 내려가다/올라가다, (얼음이) 깨지다, (눈이) 녹다 등
- 형용사: (얼음이) 차갑다, (날씨가) 춥다/따뜻하다, 재미있다, 신이 나다, 넘어지다, (엉덩이가) 아프다, (손이) 시리다 등

1 단계

썰매 타기는 어른들도 좋아하는 겨울 놀이입니다. 신나게 눈썰매를 타고 뜨거운 어묵 국물을 마시면 몸도 마음도 따뜻해져요. 눈썰매를 타면서도 말 배우기를 할 수 있습니다. 아이와 함께 눈썰매를 탄다면 다음과 같이 말해주세요.

우선, 눈썰매를 타기 전에 아이가 해야 할 행동을 말로 요구합니다.

"털모자를 써요."

"장갑을 껴요."

"줄을 서요."

2인용 눈썰매를 탈 경우엔 이렇게 말할 수 있습니다.

"썰매에 올라타요."

"손잡이를 잡아요."

"발로 밀어요."

만약 아이 혼자 눈썰매를 탄다면 다음과 같이 말해주세요.

"썰매 안으로 들어가 앉아요."

"썰매에 달린 손잡이를 잡아요."

"무릎을 구부려요."

"이제 밀게요. 하나, 둘, 셋!"

2 단계

겨울은 추운 계절입니다. 방한용품의 쓰임새를 설명하면서 온도와 관련된 표현도 들려주세요.

"손 시려요. 장갑 껴요."

"부츠 안에 눈이 들어가면 차가워요."

"귀가 꽁꽁 얼었어요."

"목도리를 하니까 따뜻해요."

"난로 앞으로 와서 몸을 녹여요."

전문가의 조언

추운 겨울이지만 찾아보면 할 수 있는 활동이 많습니다. 다양한 체험을 하면서 위의 내용을 응용하시되, 해당 사물이나 활동하는 장면을 사진에 담아주세요. 나중에 사진을 보면서 추억을 되새기고, 아이는 말을 배울 수 있습니다.

바깥에서 활동하기

• 적정 연령: 34~36개월 • 목표: 탈것의 이름, 방향·위치·정도를 나타내는 말, '무엇을 어디로 어떻게 하다' 표현 들려주기 • 준비물: 자전거, 인라인스케이트, 원반, 캐치볼 등

놀이 방법

함께 탈것을 조종하거나 원반 혹은 캐치볼로 주고받기를 해요. 이때 몸의 부분과 방향, 강도(强度), 움직임을 문장으로 설명합니다.

관련 표현

아래의 낱말과 동사(~하다)를 결합해 문장으로 만듭니다.

- 방향과 위치: 앞, 뒤, 안, 밖, 위, 아래, 가운데, 옆, 오른쪽, 왼쪽, 높이, 낮게
- 정도: 빠르게, 천천히, 세게, 약하게, 조금, 많이, 꽉, 살짝

1단계

아이가 자전거를 타면 안전하게 탈 수 있게 지도를 해야 합니다. 아이를 도와주면서 다음과 같이 단계적으로 행동을 요구합니다.

"안장 위에 올라가요."

"몸을 앞으로 숙여요."

"핸들을 꽉 잡아요."

"앞을 봐요."

"발을 페달 위에 올려요."

"페달을 힘껏 밟아요."

"천천히 서요."

아이가 킥보드나 인라인스케이트를 탈 때는 이렇게 말해주세요.

"허리를 쭉 펴요."

"다리를 조금 벌려요."

"몸을 앞으로 약간 수그려요."

"배를 무릎에 붙여요."

"앞으로 치고 나가요."

"팔을 앞뒤로 움직여요."

정글짐도 아이들이 좋아하는 놀이 기구로, 위치와 관련된 말을 배우기에 좋습니다. 아이가 정글짐에서 방향을 바꾸고 위치를 옮길 때 다음과 같이 말해주세요.

"오른발을 위로 올려요."

"왼손으로 잡아요."

"몸을 틀어요."

"왼쪽으로 돌아요."

"뒤로 돌아요."

"앞에 있는 철봉을 잡아요."

원반던지기와 캐치볼을 하면서는 어떤 방식으로 던지고 받을지에 대해 말해줍니다.

"위로 높이 던질게요."

"아래로 살살 던질게요."

"뒤돌아서 던질게요."

"더 멀리 던져요."

2 단계

두 가지 동작을 연속해서 요구하거나 설명할 수도 있습니다.

"고개를 들어 앞을 봐요."

"무릎을 구부리고 발을 페달 위에 올려요."

"다리를 쭉 펴면서 페달을 밟아요."

"허리를 굽히고 머리는 위로 들어요."

"팔꿈치를 접어서 손을 앞으로 향해요."

"다리를 쭉 펴면서 발로 땅을 차요."

"고개를 돌리면서 손을 쭉 펴요."

"몸을 틀어서 왼쪽으로 돌아요."

"허리를 구부리고 앞에 있는 철봉을 잡아요."

이러한 야외 활동 장면을 스마트폰으로 찍어주세요. 나중에 촬영된 사진이나 동영상을 보면서 다음과 같이 말할 수 있습니다.

"이것 봐! 우리 자전거 타는 모습이야."

"손잡이를 힘껏 잡았구나."

"손을 앞뒤로 흔드네."

"자전거가 옆으로 흔들린다."

"아빠가 공을 높이 던졌어."

"넘어졌었네. 무릎 아팠겠다."

전문가의 조언

방향과 속도, 세기를 표현하는 말을 넣으면 움직임을 좀 더 구체적으로 표현할 수 있습니다. 그러려면 자기 몸이나 탈것 등을 조종하면서 직접 해보는 게 가장 좋습니다. 그러니 아이와 운동이나 놀이를 함께 하면서 의도적으로 지금 아이가 하고 있거나 해야 할 동작을 구체적으로 말해주세요.

마트나 시장에서 물건 사기

• 적정 연령: **37~40개월** • 목표: **범주어(비슷한 사물을 묶어서 일컫는 말) 들려주기** • 준비물: **없음**

놀이 방법

마트나 시장에서 물건을 구경하면서 판매대나 코너 이름을 말해줍니다.

관련 표현

- 과일
- 채소
- 육류
- 유제품
- 해산물
- 농산물
- 주류
- 위생 용품
- 주방 용품
- 잡화
- 침구
- 의류
- 문구
- 가전제품 등

1 단계

마트나 시장에는 물건이 종류별로 모여 있습니다. 아이와 함께 구경하며 다음과 같이 설명해주세요.

"나은아, 여기 좀 봐. 고등어랑 오징어가 있어. 꽃게도 있고 바지락도 있네. 여기는 해산물 코너구나."

채소 코너에서는 다음과 같은 대화를 나눌 수 있습니다.

어른: "용찬아, 여기 좀 봐."

아이: "당근이다."

어른: "그래, 당근이 있구나. 이건 또 뭐야?"

아이: "감자도 있어."

어른: "그렇구나. 여기는 감자, 당근 같은 채소가 있구나."

전단지를 보면서 범주어를 익힐 수도 있습니다.

어른: "나은아, 우리 청소기를 사야 해. 어디에 있는지 찾아볼까?"

아이: "여기."

어른: "아, 2층 가전제품 코너에 있구나. 알려줘서 고마워."

계산을 마치고 집으로 돌아왔을 때 다음과 같이 얘기할 수도 있습니다.

어른: "용찬아, 우리 이거 어디서 샀더라. 엄마가 기억이 안 나네."

아이: "마트."

어른: "마트 어디?"

아이: "과일."

어른: "그래 맞아! 과일 코너에서 샀지. 알려줘서 고마워."

2 단계

하나의 묶음은 더 작은 묶음으로 나뉩니다. 채소와 과일, 육류, 유제품은 '식품'에 해당하고, '가전제품' 코너에는 난방 용품과 주방 용품이 모여 있습니다. '문구류' 코너에는 필기구와 노트류, 접착제류 등이 있어요. '의류' 코너에 가면 속옷과 운동복, 양복과 아동복이 따로 구비되어 있습니다. 매장을 함께 돌면서 아이에게 설명해주세요.

어른: "지하 1층은 식품 매장이구나. 뭐가 있나 볼까? 저기 생선 코너에 갈까, 아니면 신선식품 쪽에 갈까?"

아이: "신선식품이 뭐야?"

어른: "과일이나 채소처럼 금방 상하는 음식이야."

다음과 같이 대화할 수도 있어요.

어른: "볼펜을 사야 하는데, 필기구는 어디에 있을까? 의류 코너에 있을까, 문구류 코너에 있을까?"

아이: "문구류."

어른: "아, 맞다. 알려줘서 고마워."

마트나 시장은 묶음을 나타내는 범주어를 배울 수 있는 좋은 장소입니다. 장보기를 하면서 다양한 범주어를 알려주세요.

전문가의 조언

우리의 뇌는 낱말을 기억할 때 특성이 비슷한 것들을 묶는 '범주화' 기술을 사용합니다. 도서관에서 책을 분야별로 꽂듯 우리의 머릿속에서는 낱말을 체계적으로 분류해서 저장하지요. 그래야 필요할 때 빨리 꺼내 쓸 수 있습니다. 그러니 낱말을 배울 때도 과일, 동물, 탈것, 가전제품과 같은 식으로 같은 종류끼리 묶어서 익히면 좋습니다.

간단한 게임·놀이로 문장을 익혀요

지금부터는 간단한 게임이나 놀이를 하며 문장을 배워보겠습니다. 방식은 간단합니다. 아이와 어른이 마주하며 게임을 하는데요. 이때 어른은 아이가 성공할 수 있게끔 여러 가지 힌트를 줍니다. 2부에서 낱말 중심으로 아이에게 말을 들려주었다면 이번엔 가급적 문장으로 들려줍니다. 중요한 건 어른의 표정 관리입니다. 아이가 잘하든 못하든 항상 웃으며 말씀하시고, 아이가 말 표현을 잘하면 크게 호응해 주세요. 그럼, 시작하겠습니다.

동물원 놀이

• 적정 연령: **25~28개월** • 목표: **질문 '누구?', '무엇?'에 대답하기** • 준비물: **사람 인형, 동물 인형, 과일 그림 카드**

놀이 방법 동물 인형을 줄 세워놓아요. 사람 인형은 방문객입니다. 누가 무엇을 하는지를 어른이 묻고 아이가 대답해요.

관련 표현

- 여기 누가 있어요? → 사자(가 있어요).
- 당근 누구 거예요? → 기린 (거예요).
- 사과 누구 줘요? → 돼지 (줘요).
- 누가 무엇을 먹나요? → 코끼리가 수박 먹어요.

1 단계

가상의 원을 그리고 이에 맞추어 동물 모형을 띄엄띄엄 놓아요. 이곳은 동물원입니다. 어른과 아이는 사람 인형을 하나씩 조종해요. 사람 인형은 방문객입니다. 방문객은 시계 방향으로 돌면서 동물과 마주칩니다. 동물을 만나면 다음과 같이 대화해요. 어른이 먼저 말합니다.

어른: "여기 누가 있어요?"

아이: "사자."

어른: "그렇구나. 사자가 있구나. 사자, 안녕?"

아이: "사자, 안녕?"

다음 동물에게 가볼까요. 마찬가지로 어른이 아이에게 묻습니다.

어른: "여기 누가 있어요?"

아이: "기린."

어른: "그렇구나. 기린이 있구나. 기린, 안녕?"

아이: "기린, 안녕?"

이런 식으로 돼지, 하마, 얼룩말 등의 동물들과 인사합니다. 질문에 답이 없으면 아이의 눈을 보며 대신 말해주세요.

어른: "여기 누가 있어요?"

아이: "……."

어른: (아이를 보며) "사자가 있어요."

아이: "사자가 있어요." (대답하기 성공!)

이제 동물들에게 먹이를 줍니다. 어른이 아이에게 과일 그림 카드를 내밀면서 누구에게 줄지를 묻습니다. 아이가 대답합니다.

어른: "사과 누구 줘요?" (돼지 모형을 앞으로 나오게 합니다.)

아이: "돼지 줘요."

어른: "그래, 돼지 주자. 돼지야, 사과 맛있게 먹어."

사과를 줄 대상을 찾았으면 배추, 포도, 무, 당근을 줄 대상도 찾아야 합니다.

어른: "당근 누구 줘요?" (기린 모형을 앞으로 나오게 합니다.)

아이: "기린 줘요."

어른: "그래, 기린 주자. 기린아, 당근 맛있게 먹어."

기린이 당근을 맛있게 먹는 동안 다음과 같이 묻고 대답합니다.

어른: "당근은 누구 거예요?"

아이: "기린 거예요."

어른: "그렇구나. 당근은 기린 거구나. 돼지야, 당근 먹지 마. 기린 거야."

질문의 형식을 "이거 누구 당근이에요?"와 같이 바꿀 수도 있습니다. 물론 대답은 같습니다.

2 단계

질문을 좀 더 포괄적으로 해보겠습니다. 어른이 "누가 무엇을 먹나요?"라고 묻습니다. 아이는 다음과 같이 대답해야 합니다.

"돼지가 당근 먹어요."

"사자가 포도 먹어요."

"코끼리가 수박 먹어요."

"누가 누구에게 주나요?"라고 물어볼 수도 있어요. 이때는 "돼지가 사자에게 줘요"라고 대답해야겠지요.

좀 더 어려운 질문을 해볼까요? "누가 누구 거 먹나요?"라고 물어봅니다. 그러면 아이는 "돼지가 사자 거 먹어요"라고 대답해야 해요. 이런 질문에 답하려면 아이는 상황에 집중하고 행동의 결과를 잘 살펴야 해요.

전문가의 조언

'무엇?'과 '누구?'는 아이들이 가장 먼저 접하는 질문입니다. 아이들은 경험을 통해 '무엇'은 물건을, '누구'는 사람을 가리킨다는 걸 알게 됩니다. 그런데 '누구'는 조금 혼란스럽습니다. 철수가 영희에게 영철이 장난감을 주는 상황이라고 가정했을 때 "얘는 누구니?", "누가 주었니?", "누구에게 주었니?", "누구 장난감이니?"에 대한 답이 각각 다를 수 있어요. 그래서 질문을 배울 때는 상황이 주어지는 역할놀이를 하는 것이 가장 좋습니다.

주머니에서 물건 꺼내기

- 적정 연령: **29~32개월** - 목표: **문장 기억하기**
- 준비물: **속이 보이지 않는 주머니(또는 상자), 과일 모형, 과일 그림 카드**

놀이 방법

과일 모형을 주머니에 넣어요. 아이에게 주머니에서 사과나 포도를 꺼내달라고 해요. 아이는 주머니에 손을 넣어 만져보면서 어른이 꺼내달라고 한 과일을 꺼내야 합니다. 꺼낸 결과를 그림 카드와 맞춰봅니다.

관련 표현

- 사과 꺼내주세요.
- 사과와 바나나 꺼내주세요.
- 여기에서 사과, 저기에서 얼룩말을 꺼내주세요.

1 단계

아이와 함께 주머니에 과일 모형 다섯 개를 넣으며 이름과 모양, 특성을 말해줍니다.

"이건 사과구나. 모양이 동그랗네."

"이건 딸기구나. 모양이 세모나네."

"이건 포도구나. 작은 포도알이 층층이 모여 있어."

"이건 파인애플이다. 껍질이 오톨도톨해."

과일을 모두 담았나요? 이제 아이에게 첫 번째 문제를 냅니다.

"사과 꺼내주세요!"

아이는 주머니 안을 들여다볼 수 없습니다. 대신 만질 수 있지요. 아이가 주머니 속에 있는 모형을 만지작거리다가 사과를 꺼냈다면 "우와, 사과네. 정말 잘했어요!" 하며 칭찬해줍니다. 그리고 사과 그림 카드를 아이에게 줍니다.

이제 두 번째 문제를 냅니다. 꺼낸 모형을 다시 주머니에 넣고 다음과 같이 말해요.

"이번에는 포도 꺼내주세요."

이때 다른 과일을 꺼냈다면 포도 그림 카드를 보여주며 "포도가 아니네. 다시 한 번 해볼까요?"라고 말합니다. 이런 식으로 아이가 다섯 문제를 모두 맞혀서 다섯 장의 카드를 모으면 게임이 끝납니다.

아이와 역할을 바꾸어도 좋아요. 아이가 "바나나 꺼내주세요"라고 하면 어른이 주머니를 뒤적여서 바나나를 찾는 거예요. 이때 일부러 틀리면 아이들이 좋아합니다.

2 단계

난이도를 조금 올려볼까요? 어른이 다음과 같이 말해요.

"사과와 바나나(와 딸기)를 꺼내주세요!"

한꺼번에 두 개 이상의 과일을 꺼내는 것입니다. 아이가 좀 더 집중해야겠지요?

또 다른 방법도 있습니다. 두 개의 주머니를 준비해 한 개의 주머니에는 과일을, 다른 주머니에는 동물을 넣어둡니다. 그러고 나서 다음과 같이 말해요.

"여기에서 사과, 저기에서 얼룩말 꺼내주세요."

이번에는 어른도 쉽지 않을걸요?

전문가의 조언

주머니에서 물건을 꺼내는 놀이는 청각적 집중력과 기억력 향상에 좋습니다. 맞는 모형을 꺼내려면 손의 감각에 집중하면서 들은 말을 계속 기억해야 하거든요. 들은 내용에 집중하고 머릿속에 저장하는 일은 문장 이해의 기초가 됩니다.

심부름 놀이

• 적정 연령: **29~32개월** • 목표: **'~하고 ~하다', '~해서 ~하다'와 같은 긴 문장 들려주기** • 준비물: **생활 용품**

놀이 방법

아이에게 심부름을 시킵니다. 이때 '~하고', '~해서'를 포함하는 긴 문장으로 말하세요.

관련 표현

- ○○에서 □□ 가져오세요.
- ○○에 가서 □□와 ◇◇를 갖다주세요.
- ○○에서 □□ 가져오고 △△에서 ◇◇ 가져오세요.

1 단계

자연스러운 상황에서 다음과 같이 아이에게 심부름을 시킵니다.

"냉장고에서 우유 꺼내주세요."

"책상에서 컵 가져다주세요."

눈에 보이는 물건이면 쉽게 찾을 수 있을 거예요.

장소를 포함해서 말해도 좋습니다. 조금 더 문장이 길어지겠지요.

"욕실에 가서 머리빗 갖다주세요."

"화장대 서랍 안에서 거울 좀 가져다줘."

"베란다 문 열고 나가서 빗자루 좀 찾아다 줘."

아이가 물건을 가져오면 안아주면서 크게 칭찬해주세요. 만약 물건을 못 찾거나 다른 물건을 가져와도 혼내지 마세요. 대신 다음과 같이 말하면서 칭찬해줍니다.

"아유, 우리 용찬이가 컵 대신 접시를 가져왔네. 고마워."

"괜찮아. 내가 대신 가져올게."

이 놀이의 목적은 아이가 제대로 알아듣는지, 물건을 잘 가져오는지를 시험하는 게 아닙니다. 아이가 물건을 못 찾아도 괜찮아요. 아이에게 긴 문장으로 된 표현을 들려주는 게 중요하답니다. 이 점을 꼭 기억해주세요.

2 단계

난이도를 조금 올려볼까요? 동시에 두 가지 심부름을 시켜보겠습니다.

우선, 같은 장소에서 두 개의 물건을 가져오는 심부름입니다.

"욕실에 가서 머리빗하고 드라이기 가져다줄래?"

이번에는 두 군데 장소에서 각각 다른 물건을 가져오라고 시켜봅니다.

"냉장고에서 우유 꺼내오고 식탁 위에 있는 컵도 가져다줄래?"

문장을 좀 더 복잡하게 해볼까요?

"안방 서랍장에 가서 아래에서 두 번째 서랍 열어서 양말 한 켤레만 가져다줄래?"

"작은 방 책꽂이 가운데쯤 보면 두꺼운 책이 있을 거야. 찾아올래?"

아이들이 못 찾을 수도 있고, 깜빡하고 하나만 가져올 수도 있어요. 어떻게 심부름을 하든 잘했다고 칭찬하면서 사랑스럽게 안아주세요. 아이는 분명히 자기가 큰일을 해냈다고 믿을 겁니다. 사랑받는다는 느낌, 심부름을 해냈다는 성취감은 긴 문장을 알아듣는 것만큼이나 중요합니다.

전문가의 조언

아이들은 심부름을 좋아합니다. 어른에게 인정받을 수 있는 기회니까요. 다만 아이에게 주어지는 '미션'은 너무 쉽거나 어려우면 안 돼요. 쉬우면 재미없어하고 어려우면 포기하거든요. 아이가 적당히 고민하고 과제를 성취할 수 있게끔 난이도를 조절해주세요.

설명 듣고 그리기

• 적정 연령: 37~40개월 • 목표: 색깔과 모양을 나타내는 말 들려주기
• 준비물: 색연필, 종이, 과일 모형, 공룡 모형, 속이 보이지 않는 상자

놀이 방법 다양한 모양과 색깔의 과일 모형을 상자에 담아요. 아이에게는 색연필과 종이를 줍니다. 어른의 설명을 듣고 아이가 과일 그림을 그립니다.

관련 표현

- 모양: 둥글다, 네모나다, 세모나다, 길쭉하다, 뾰족하다, 짤막하다, 뭉툭하다, 휘어지다, 두껍다, 얇다 등
- 색깔: 빨강, 노랑, 파랑, 초록, 주황, 보라 등

1 단계

속이 보이지 않는 상자에 사과, 귤, 딸기, 바나나, 파인애플 같은 과일 모형을 담습니다. 어른이 그중 하나를 정해 다음과 같이 설명합니다.

"동그랗게 생겼어."

아이가 종이에 동그라미를 그리겠지요? 그다음 설명을 이어가세요.

"주황색이야."

아이가 이 말을 듣고 주황색으로 동그라미를 색칠합니다. 다음은 좀 더 구체적으로 묘사합니다.

"꼭지에 초록 이파리가 달렸어."

아이가 귤을 그렸나요? 그렇다면 성공입니다. 어른은 상자에서 귤 모형을 꺼내 보여줍니다.

다음은 바나나를 설명하겠습니다.

"길쭉해."

"조금 휘어져 있어."

"노란색이야."

"껍질을 벗겨서 먹어."

아이가 어려워하면 손동작과 함께 설명해도 좋습니다. 이런 식으로 상자에 있던 다섯 개의 과일 그림을 모두 그렸다면 이제 역할을 바꾸세요. 아이가 설명하고 어른이 그립니다. 이때 어른은 질문을 통해 아이의 설명을 유도할 수 있어요.

"어떤 모양이에요? 동그래요, 세모나요?"

"무슨 색이에요? 빨간가요, 노란가요?"

"길이는 어때요? 길쭉한가요, 짤막한가요?

2 단계

과일이나 채소는 비교적 모양이 단순합니다. 하지만 동물은 그렇지 않아요. 예를 들어 공룡은 생김새가 복잡하지요. 그러니 좀 더 구체적으로 설명해주세요.

"이 공룡은 목이 길어."

"얼굴은 분홍색인데 꼬리는 까만색이야."

"발은 네 개고 손은 없어."

"얼굴은 동글동글하고 눈이 커."

익룡이라면 다음처럼 설명하겠지요.

"검은 날개가 있어."

"부리가 길쭉하고 끝이 뾰족해."

아이가 그린 그림과 실제 모형을 비교하면서 '같다', '다르다', '비슷하다'는 표현을 사용해도 좋습니다. "와, 용찬이가 머리를 똑같이 그렸네!", "와, 여기는 진짜 비슷하다" 이렇게요.

전문가의 조언

아이가 좋아하는 것을 그리게 하면 좀 더 흥미를 끌 수 있습니다. 자동차, 비행기 같은 탈것이나 뽀로로, 타요, 토마스 기차 같은 캐릭터 장난감도 좋습니다.

물감 도장 찍기

• 적정 연령: **45~48개월** • 목표: **표정 낱말과 감정 낱말 들려주기**
• 준비물: **물감, 물컵, 물, 일회용 접시, 일회용 비닐장갑, 감자나 고구마처럼 속이 단단한 채소, 블록, 도화지, 색연필, 신문지 등**

놀이 방법 손바닥, 속이 단단한 채소, 블록 등에 물감을 묻혀 종이에 찍어요. 그 위에 색연필로 다양한 표정의 얼굴을 그립니다. 이 과정에서 표정, 감정과 관련된 말을 들려줍니다.

관련 표현
- 기쁘다
- 슬프다
- 화나다
- 즐겁다
- 행복하다
- 신이 나다
- 기분이 좋다
- 기분이 나쁘다

1 단계

바닥에 물감이 묻지 않도록 신문지 등을 깔고 그 위에 흰 도화지를 놓습니다. 일회용 접시에 물감을 풀고 물을 조금 부어 섞어요. 비닐장갑을 끼고 손바닥에 물감을 묻힌 뒤에 손바닥을 펴서 흰 종이에 찍어요. 파란색으로, 빨간색으로, 노란색으로 다양한 색깔로 찍어요. 다섯 개쯤 찍었으면 비닐장갑을 벗고 물감이 마른 것을 확인한 뒤에 그 위에 색연필로 얼굴을 그립니다. 이때 아이에게 물어보세요.

"빨간 손바닥에는 어떤 얼굴을 그릴까?"

"화난 얼굴, 슬픈 얼굴, 기쁜 얼굴, 어떤 얼굴이 좋을까?"

아이가 대답하면 거기에 맞춰 눈썹, 눈, 코와 입을 그립니다. 그런 다음 말해주세요.

"화난 손바닥이구나!"

손바닥마다 기쁜 얼굴, 슬픈 얼굴 등 다양한 감정을 그릴 수도 있어요.

손바닥 찍기를 마쳤다면 이번에는 감자와 고구마, 양파로 해보겠습니다. 칼로 감자, 고구마, 양파를 반으로 썬 다음 단면에 물감을 묻혀 종이 위에 찍습니다. 그러고 나서 물감이 마른 것을 확인한 뒤에 색연필로 얼굴을 그리고 다음과 같은 말을 들려줍니다.

"화난 당근, 기쁜 고구마, 슬픈 양파, 행복한 감자…."

채소 이름에 '기쁘다', '슬프다', '화나다'와 같은 감정 단어를 붙이는 거예요. 채소뿐만 아니라 블록을 활용해서 화난 네모, 기쁜 세모, 슬픈 동그라미를 그릴 수도 있습니다.

2 단계

얼굴 표정을 얘기하면서 그런 감정을 느낀 이유도 함께 말합니다. 아이에게 어떤 감정인지 묻고 그 이유를 말하게 할 수도 있어요.

어른: "이 당근은 웃고 있네. 왜 웃어?"

아이: "기분이 좋아."

어른: "그렇구나, 기분이 좋구나. 왜 좋은 거야?"

아이: "맛있는 거 먹었어."

어른: "그렇구나. 맛있는 거 먹어서 기분이 좋구나."

다음과 같은 문장도 들려줄 수 있습니다.

"엄마가 없어서 슬프구나."

"친구랑 싸워서 화가 났구나."

"장난감 사줘서 신이 났구나."

전문가의 조언

우리 나이로 네다섯 살쯤 되면 자신의 기분과 감정을 말로 표현할 수 있습니다. 복잡한 말로 설명할 수는 없지만 기분이 좋거나 나쁠 때, 슬플 때나 기쁠 때를 알고 말할 수 있지요. 일상에서 자신의 기분과 느낌을 말로 표현할 수 있도록 도와주세요. 그리고 깊이 공감해주세요. 감정이 받아들여질수록 아이들의 자존감은 높아집니다.

반대말 게임

• 적정 연령: **37~40개월** • 목표: **반대말 알려주기** • 준비물: **반대말 카드**

놀이 방법

반대말 카드를 다섯 장씩 나누어 가져요. 어른이 카드를 한 장 내면 아이는 그 카드에 적힌 말의 반대말에 해당하는 카드를 냅니다. 반대말 카드는 인터넷 포털에서 '반대말 카드'로 검색하면 쉽게 구할 수 있습니다. 영어 학습용 카드도 괜찮습니다.

관련 표현

- 명사: 봄/가을, 여름/겨울, 밤/낮, 아기/노인, 아침/저녁, 북쪽/남쪽, 동쪽/서쪽, 땅/하늘, 해/달, 주인/손님, 새것/헌것, 위/아래, 안/밖 등
- 형용사: 있다/없다, 좋다/나쁘다, 높다/낮다, 많다/적다, 길다/짧다, 빠르다/느리다, 검다/희다, 달다/짜다, 두껍다/얇다, 밝다/어둡다, 넓다/좁다, 조용하다/시끄럽다, 맑다/흐리다, 가깝다/멀다, 뜨겁다/차갑다, 맞다/틀리다, 깊다/얕다, 마르다/젖다, 어렵다/쉽다, 부드럽다/거칠다, 딱딱하다/말랑말랑하다 등
- 동사: 울다/웃다, 자다/깨다, 오다/가다, 나타나다/사라지다, 일어서다/앉다, 시작하다/끝내다, 주다/받다, 사랑하다/미워하다, 알다/모르다, 세다/약하다, 가라앉다/떠오르다, 이기다/지다 등

1 단계

반대말 카드에서 명사를 골라냅니다. 다음과 같이 다섯 장을 골라서 나누어 가졌다고 가정하겠습니다.

- 어른: 해, 여름, 남자, 물, 하늘
- 아이: 달, 겨울, 여자, 불, 땅

해 카드를 아이 앞으로 내밀면서 "해의 반대말을 주세요"라고 말하세요.

아이가 달 카드를 앞으로 내밀었다면 성공입니다! 칭찬해주며, 왜 달이 해의 반대말인지 설명합니다.

"해는 낮에 뜨는데, 달은 밤에 뜨는구나."

마찬가지로 다른 카드들에 대해서도 이렇게 설명할 수 있어요.

"여름은 따뜻한데, 겨울은 춥구나."

"하늘은 위에 있는데, 땅은 아래에 있구나."

"불은 뜨거운데, 물은 차구나."

"낮은 밝은데, 밤은 어둡구나."

만약 아이가 다른 카드를 내밀었다면 "다른 카드네. 다시 해볼까?"라고 말하며 힌트를 주세요. "밤에 뜨는 거예요. 동그랗게 생겼어요" 이렇게요.

다섯 장의 카드를 모두 맞히면 첫 번째 라운드가 끝납니다. 나머지 반대말 카드 중에서 다시 다섯 장을 골라 두 번째 라운드를 이어갑니다.

한 라운드가 끝나면 역할을 바꿀 수 있습니다. 아이가 문제를 내고 어른이 맞히는 거예요. 이때 일부러 틀려주면 더 좋아요. 아이들은 어른이 틀리거나 실수하는 걸 좋아합니다. 흥미를 끌 수 있지요.

게임의 난이도가 너무 쉽다 싶으면 두 개의 반대말을 한꺼번에 말하도록 해도 좋습니다. 어른이 카드 두 장을 내밀면서 "남자의 반대말과 여름의 반대말을 주세요" 하는 거예요. 아이는 한 가지 반대말을 고를 때보다 좀 더 고민하겠죠?

2 단계

반대말 카드에서 동사와 형용사를 골라내서 반대말 게임을 합니다.

어른: "크다의 반대말을 주세요."

아이: (카드를 찾아서 내밀며) "작다."

그런데 동사나 형용사의 반대말은 왜 그런지 설명해줄 이유가 따로 없어요. 그냥 그런 겁니다. 대신 다음과 같이 말할 수 있습니다.

어른: "맞아요! 참 잘했어요. 그럼 내가 큰 걸 말할 테니 작은 걸 말해봐요. 큰 것은 코끼리! 그럼 작은 것은?"

아이: "강아지."

어른: "딩동댕~ 잘했어요!"

이런 식으로 어른이 한쪽을 말하고 다른 쪽을 아이가 말하는 식으로 반대말의 예를 찾아주세요.

전문가의 조언

반대말은 의미가 상반되는 속성이 있습니다. 덕분에 짝으로 엮어서 한 번에 두 낱말을 배울 수 있어요. 대체로 명사보다는 동사가, 동사보다는 형용사가 많습니다. 하지만 상태를 나타내는 형용사는 명사보다 배우기가 어려워요. 그 말을 더 많이 듣고 말해야 이해할 수 있습니다. 즉 어른이 더 많이 설명해주어야 합니다.

어디에 있나? 여기에 없네!

• 적정 연령: **25~28개월** • 목표: **'있다/없다' 표현 이해하기** • 준비물: **콩, 작은 동물 인형**

놀이 방법

손에 콩을 숨겨요. 아이에게 콩이 어디에 있는지를 가리키라고 해요. 동물 인형을 서랍에 숨기고 아이에게 찾으라고 해요. 이 과정에서 "있다/없다" 표현을 들려줍니다.

관련 표현

- 어디 있게? → 없네!
- 콩이 어디 있나? → 여기 있다!

1 단계

콩 하나를 손에 숨긴 다음 이렇게 물어요.

"어디 있게?"

아이가 한쪽 손을 만지거나 가리키면 그 손을 펼쳐요. 그 손에 콩이 있다면 "콩 여기 있네!"라고 말하면서 칭찬해주세요. 아이가 빈손을 선택했다면 슬픈 표정으로 말합니다.

"여기 없네~."

이렇게 몇 차례 숨기기와 찾기를 반복하고 나서 역할을 바꿉니다. 아이가 손에 콩을 숨기고 어른이 찾습니다.

2 단계

이번에는 서랍 속에 동물 인형을 숨겨볼게요. 아이더러 뒤돌아 있으라고 하고는 돼지 인형을 서랍에 숨깁니다. 그러고 나서 다음과 같이 말해요.

"돼지가 없어졌네, 어디 갔지?"

아이가 서랍을 뒤져서 찾으면 다음과 같이 말해요.

"찾았다! 돼지, 여기 있네!"

한 번에 못 찾으면 "세 번째 서랍에 있나?" 하고 힌트를 주세요.

쉽게 찾았다면 난이도를 올려보겠습니다. 두 마리의 동물 인형을 숨기는 거예요. 아이에게 돼지 인형과 코끼리 인형을 보여주면서 이렇게 말해요.

"돼지와 코끼리가 있어요."

그런 다음 아이에게 뒤돌아 있으라고 하고, 돼지 인형은 아래 서랍에 코끼리 인형은 맨 위 서랍에 숨깁니다. 아이가 서랍을 열면 상황에 맞춰 이렇게 말하세요.

"돼지도 없고 코끼리도 없네!"

"돼지는 있고 코끼리는 없네!"

아이에게 있는 것과 없는 것을 동시에 알려주는 거예요.

전문가의 조언

생후 6개월쯤 되면 아이는 사물이 눈앞에 없다고 해서 존재하지 않는 것은 아니라는 사실, 즉 '대상영속성'을 이해하고 방금 눈앞에 있다가 사라진 물건을 찾으려 고개를 돌리지요. 그래서 얼굴이 나타났다 사라졌다를 반복하는 까꿍 놀이를 좋아합니다. 첫돌이 지나고 걸을 수 있게 되면 사라진 물건이나 생각난 물건을 직접 찾으러 다니지요. 숨기기-찾기 놀이로 아이의 탐색 본능을 자극하고 말도 익히게 해주세요.

만지작만지작 무엇일까?

• 적정 연령: **41~44개월** • 목표: **모양과 촉감을 표현하는 말 익히기**
• 준비물: **상자, 고무공, 병뚜껑, 숟가락, 지우개 등**

놀이 방법

아이와 함께 상자 안에 물건을 담아요. 어른이 안에 든 물건의 특징을 설명하면 아이가 무슨 물건인지 알아맞힙니다.

관련 표현

- 숟가락: 딱딱하고 길다. 끝이 둥글고 움푹 팼다.
- 동전: 작고 동그랗다. 얇고 딱딱하다.
- 병뚜껑: 동그랗고 딱딱하다. 끝이 오톨도톨하고 날카롭다.
- 레고 블록: 네모나고 딱딱하다. 동글한 게 튀어나와 있고 안쪽은 비어 있다.
- 점토: 말랑말랑하고 부드럽다. 잡아당기면 늘어난다.
- 쇠구슬: 동그랗고 딱딱하고 차갑다.
- 사포: 거칠고 까끌까끌하다. 네모나고 휘어진다.
- 실 뭉치: 둥글고 부드럽다. 가볍다.
- 클립: 작고 가볍다. 단단하지만 힘을 주면 휘어진다.
- 화장품 견본품 병: 단단하다. 위는 좁고 아래는 넓다.

1 단계

아이와 함께 고무공, 병뚜껑, 숟가락, 지우개 등을 상자에 담고 그중에서 하나를 꺼내 손에 감춰요. 그리고 아이에게 그 물건의 특징을 말해주며 묻습니다.

"이것은 둥글고 말랑말랑해요. 뭘까요?"

아이가 대답을 하지 않거나 틀리면 보기를 주세요.

"병뚜껑일까요, 숟가락일까요, 고무공일까요?"

아이가 맞히면 칭찬과 함께 아이가 직접 그 물건을 만지고 느끼게 해주세요. 그리고 한 번 더 특징을 말로 설명합니다.

"딩동댕! 맞혔습니다! (공을 건네면서) 만져보세요. 고무공은 둥글고 말랑말랑합니다."

이런 식으로 상자 안에 있는 물건을 모두 맞히면 역할을 바꿉니다. 아이가 설명하고 어른이 대답하는 거예요.

2 단계

어른이 물건을 상자에 담습니다. 아이는 그 안에 무엇이 들어 있는지 알지 못해요. 보기가 없으니 주관식이 되는 셈입니다. 온전히 어른의 설명에 의지해서 답을 맞혀야 해요.

전문가의 조언

사전적 의미로 형용사는 '사물의 성질이나 상태를 나타내는 말'입니다. 이런 말을 가장 잘 배울 수 있는 곳은 어디일까요? 바로 자연입니다. 숲, 바다, 계곡에는 다양한 사물만큼 수많은 형용사들로 표현할 수 있는 말들이 숨어 있어요. 공원에서 나무껍질, 줄기, 열매, 잎사귀를 보고 만지면서 느낌을 말로 나눠보세요.

청기백기 게임

• 적정 연령: **37~40개월** • 목표: **'~안 하다', '~하지 말다' 등 부정 표현 익히기**
• 준비물: **그림짝 카드(또는 그림 카드 두 벌)**

놀이 방법

어른과 아이가 짝 카드를 나누어 가져요. 어른이 청기백기 게임을 하듯 조건을 설명하면 아이가 해당 카드를 바닥에 내려놓습니다.

관련 표현

- 사과 내리지 말고 수박 내려요.
- 사과 내리고 수박 내리지 마요.
- 사과와 수박 모두 내리지 마요.
- 사과 안 내리고 수박 내려요.
- 사과 내리고 수박 안 내려요.
- 사과와 수박 모두 안 내려요.

1 단계

두 장이 한 쌍인 그림 카드 다섯 쌍으로 더미를 만들어요. 사과-사과-수박-수박-포도-포도-바나나-바나나… 이런 식으로 쌓아야 합니다. 이제 어른이 한 장, 아이가 한 장 이런 식으로 카드를 두 장씩 나누어 가져요. 아이와 어른의 손에 각각 수박 카드와 사과 카드가 있다고 할게요. 어른이 수박 카드를 골라 그림이 안 보이게 바닥에 내려놓으며 이렇게 말해요.

"사과 내리지 말고 수박 내려요."

이렇게 말할 수도 있습니다.

"사과 안 내리고 수박 내려요."

아이가 카드를 바닥에 놓으면 두 카드를 뒤집어서 그림이 같은지 확인합니다. 만약 아이가 사과 카드를 내려놓았다면 처음부터 다시 해요. 틀릴 때마다 1점 감점입니다. 성공했다면 수박 카드 두 장을 한쪽으로 치워요. 그리고 더미에서 카드를 한 장씩 가져와 손에 듭니다. 게임이 진행되는 동안 두 사람의 손에는 카드가 늘 두 장씩 있어야 해요. 손에 사과 카드와 포도 카드가 들려 있다고 가정할게요. 어른이 다음과 같이 말해요.

"포도 내리지 말고 사과 내려요."

이런 방식으로 게임을 하다가 손에 들고 있던 카드와 쌓아둔 카드가 모두 소진되면 첫 번째 라운드가 끝납니다.

두 번째 라운드는 역할을 바꿔서 합니다. 아이가 조건을 제시하면 어른이 그 조건에 맞는 카드를 내려놓아요. 두 번의 라운드를 마치면 게임이 끝납니다. 감점이 가장 적은 사람, 즉 가장 적게 틀린 사람이 승리해요.

2 단계

손에 카드를 세 장씩 들고 진행합니다. 그러면 다음과 같은 표현을 할 수 있겠지요.

"사과 내리지 말고 수박 내리고 바나나 내리지 마요!"

"사과와 수박 내리고 바나나 내리지 마요!"

어렵습니다. 과자나 사탕 같은 보상을 걸면 더 열심히 할 수도 있습니다. 그러나 어른을 이기는 것만큼 즐거운 보상은 없을 거예요. 자꾸 틀려주세요.

전문가의 조언

게임에서는 '~않다' 대신 '~말다'를 사용합니다. 하지만 우리가 구어에서 자주 사용하는 '~말다'는 명령의 느낌이 좀 더 강한 보조동사이므로, '~말다'가 익숙해지면 "사과 내리지 않고 수박 내려"처럼 바꿔서 진행하셔도 좋습니다.

잡동사니 정리하기

- 적정 연령: 31~33개월 • 목표: 사물의 기능과 관련된 표현 들려주기
- 준비물: 물건을 담을 상자 여러 개(또는 바구니), 아이가 쓰는 물건, 공구

놀이 방법

아이와 함께 집 안에 있는 물건을 용도에 따라 정리해요. 이때 물건의 쓰임새를 말로 설명해줍니다.

관련 표현

- 색연필, 크레파스: 색칠하는 것
- 풀, 투명테이프: 붙이는 것
- 가위: 자르는 것, 오리는 것
- 자: 길이 재는 것
- 연필, 샤프: 글씨 쓰는 것
- 공: 던지는 것, 차는 것
- 실: 묶는 것
- 지우개: 지우는 것
- 드라이버: 나사 조이는 것
- 송곳: 구멍 뚫는 것
- 펜치: 철사 자르는 것
- 드릴: 구멍 뚫는 것
- 사포: 거친 표면을 가는 것
- 장난감: 가지고 노는 것
- 책: 읽는 것

1 단계

아이가 쓰는 물건을 모아둔 곳으로 갑니다. 서랍이나 수납함에 들어 있는 인형, 장난감, 색종이, 풀, 색연필, 블록, 공 등을 상자에 담습니다.

창고로 가볼까요? 공구통에 들어 있는 물건을 꺼내봅니다. 드라이버, 못, 망치, 스패너 등이 있나요? 위험한 것은 빼고 나머지 공구들을 상자에 담아요. 그렇게 두 군데서 담아온 물건을 거실 바닥에 쏟아놓습니다. 바닥이 지저분해질 것 같으면 미리 신문지나 비닐을 깔아주세요.

이제 물건을 정리하겠습니다. 새로운 상자 세 개를 준비합니다. 아이 방에 있는 것과 창고에 둘 것, 버릴 것을 각각 분류하여 담을 거예요. 아이에게 다음과 같이 말합니다.

"나은아, 거기 자르는 거 줄래?"

아이가 가위를 전달했나요? 그러면 이렇게 말하세요.

"맞아, 가위로 종이를 잘라요. 고마워!"

다음 물건도 부탁합니다. 아이에게 "붙이는 거 줘"라고 말하세요. 테이프와 풀 모두 상자에 있다면 좀 더 구체적으로 말합니다.

"색종이에 칠해서 붙이는 거 줄래?"

이런 식으로 바닥에 있는 물건들을 하나하나 다시 나누어 담습니다. 버릴 물건은 따로 두면 좋겠지요.

여기서는 일부러 서랍이나 창고를 뒤졌지만, 꼭 그래야 하는 건 아닙니다. 일상에서 심부름을 시킬 때 물건 이름 대신 용도를 말해주세요.

2 단계

한 번에 두 개의 물건을 부탁합니다. 다음과 같이 표현할 수 있겠지요.

"글씨 쓰는 거랑 지우는 거 주세요."

"읽는 거랑 던지는 거 주세요."

서랍을 정리하면서 다음과 같이 말할 수도 있습니다.

"길이 재는 것은 위 서랍에 넣고, 색칠하는 것은 아래 서랍에 넣자."

전문가의 조언

아이들은 사물의 특성을 들으면서 어떤 물건이든 특별한 기능이 있다는 것을 알게 됩니다. '냉장고는 음식을 보관하는 것', '세탁기는 빨래하는 것', '숟가락은 밥 먹을 때 쓰는 것', '망치는 못질하는 것' 식으로 사물의 이름과 기능을 연결하면서 어휘가 확장되지요.

집에는 수많은 물건이 있고 각각의 쓰임새가 다릅니다. 아이가 궁금해하면서 만지작거릴 때 이름과 함께 어디에 쓰이는지 말로 설명해주세요.

우리 집 물건 알아맞히기

• 적정 연령: **29~32개월** • 목표: **물건의 구조와 쓰임새, 소리 익히기** • 준비물: **스마트폰**

놀이 방법

물건의 일부분을 찍은 사진이나 소리를 듣고 어떤 물건인지 알아맞혀요. 어른이 그 물건의 쓰임새를 힌트로 줍니다.

관련 표현

- 텔레비전: 모서리, 화면, 받침대
- 소파: 팔걸이, 등받이, 다리
- 시계: 테두리, 바늘
- 선풍기: 버튼, 프로펠러
- 전등: 전구, 갓
- 운동화: 밑창, 끈
- 안경: 테, 렌즈
- 컵: 바닥, 손잡이
- 주전자: 뚜껑, 손잡이
- 자전거: 손잡이(핸들), 안장, 바퀴, 페달
- 자동차: 운전대, 트렁크, 백미러, 바퀴, 엔진

1 단계

스마트폰으로 집에 있는 물건(텔레비전, 시계, 소파 등)을 미리 찍어두세요. 이때 전체가 아닌 일부분을 찍습니다. 전체도 찍고 일부분만 확대해서도 찍을 수 있어요.

아이와 함께 텔레비전를 찍은 사진을 보면서 이렇게 말합니다.

"모서리가 있네. 이건 뭘까요?"

아이가 바로 대답하면 칭찬해주세요. 아니라면 두 번째 단서를 줍니다. 사진을 보여주며 다음과 같이 말하세요.

"화면도 있구나. 뭘까?"

받침대를 보여줄 수도 있어요. 그러면서 세부 명칭을 알려주세요. 그래도 어려워하면 다음과 같이 힌트를 주세요.

어른: (텔레비전 모서리를 보여주며) "이건 뭘까요?"

아이: "……."

어른: "이걸 틀면 뽀로로를 볼 수 있어요."

아이: "텔레비전!"

어른: "딩동댕! 맞아요, 텔레비전으로 만화영화를 볼 수 있어요."

2 단계

이번엔 소리를 듣고 무슨 물건인지 맞힙니다.

미리 다양한 소리를 준비해주세요. 생활소음은 인터넷에서 쉽게 찾을 수 있습니다. 동영상을 찾아서 소리만 들려주세요. 그리고 다음과 같이 문제를 내요.

(시곗바늘 돌아가는 소리 들려주며) "이건 뭘까요?"

아이가 어려워하면 장소와 용도를 힌트로 줄 수 있습니다.

"거실에 있어요. 시간을 알려주는 거예요."

실제 소리 대신 의성어나 의태어를 알려줘도 좋습니다. 다음처럼요.

(선풍기의 버튼을 보여주며) "이게 뭘까요?"

"……."

"윙윙 소리가 나요."

"……."

"시원한 바람이 나와요."

"선풍기?"

"딩동댕, 맞아요."

집 안에 있는 물건과 부분 명칭, 쓰임새는 아래 표를 참고하세요.

Tip 우리 집 사물들

공간	이름	부분	쓰임새	의성어/의태어
안방	침대	매트리스, 머리판	잠자는 곳	쿨쿨
	베개	베갯잇, 베갯속	잘 때 머리에 받치는 것	푹신푹신
	이불		잠잘 때 덮는 것	포근포근
	전등	전구, 갓, 전선	주변을 밝히는 것	딸깍! 반짝!
	옷장	문, 손잡이, 서랍	옷을 넣어두는 곳	
	형광등		밝게 비추는 것	

부엌	식탁	다리, 상판	밥 먹을 때 음식을 올리는 곳	
	싱크대	찬장, 개수대, 상판	설거지하는 곳	
	그릇		음식을 담는 것	
	주걱		밥을 풀 때 쓰는 것	
	국자		국을 풀 때 쓰는 것	
	숟가락		밥 먹을 때 손에 쥐는 것	
	젓가락		반찬을 집을 때 쓰는 것	
	포크		음식을 먹을 때 찍는 것	
	주전자	뚜껑, 손잡이	물을 담아 따르는 것	
	가스레인지	상판, 스위치	음식을 조리할 때 쓰는 것	틱틱틱틱
	전자레인지	손잡이, 문, 버튼	음식을 데우는 것	지잉
	프라이팬	손잡이, 팬	달걀프라이를 할 때 쓰는 것	
	칼	날, 등, 손잡이	채소나 과일을 자를 때 쓰는 것	
	도마		칼질을 할 때 바닥에 받치는 것	딱딱딱
	냉장고	냉동실, 냉장실, 문, 손잡이	음식을 보관하는 곳	
욕실	변기	덮개, 레버	오줌이나 똥을 누는 곳	쏴아
	휴지		똥을 눈 뒤에 엉덩이를 닦을 때 쓰는 것	
	거울		얼굴을 비춰 보는 곳	반들반들
	세면대	수도꼭지, 배수관	세수할 때 물을 받는 곳	어푸어푸
	칫솔	손잡이, 솔	이 닦을 때 쓰는 것	치카치카
	치약	뚜껑, 튜브	이 닦을 때 짜서 쓰는 것	
	비누		세수할 때 손에 묻히는 것	
	샴푸	뚜껑, 통	머리 감을 때 쓰는 것	
	면도기	손잡이, 면도날	수염을 자를 때 쓰는 것	사각사각
	수건		물기를 닦는 것	

	드라이기	손잡이, 코드	머리를 말리는 것	휘잉휘잉
공구	망치	머리, 손잡이	못 박을 때 쓰는 것	땅땅땅
	톱	날, 등, 손잡이	나무를 자를 때 쓰는 것	슥삭슥삭
	드릴	손잡이, 코드	구멍을 뚫을 때 쓰는 것	위잉위잉
	삽	날, 손잡이	땅을 팔 때 쓰는 것	

전문가의 조언

아이가 세 살(생후 24개월)쯤 되면 컵에는 손잡이가 있고 주전자에는 뚜껑이 있으며 장난감 자동차에는 바퀴가 있다는 것을 알게 됩니다. 또한 같은 자동차라도 버스, 트럭, 소방차, 구급차 등 용도에 따라 여러 이름으로 불린다는 것도 알게 되지요. 이 시기의 아이들은 사물의 부분과 특성, 용도를 언어화하면서 사물에 대한 이해가 깊어집니다. 집에서 쓰는 물건은 저마다 용도가 있습니다. 여러 분야로 분류할 수 있으며, 작동할 때 특별한 소리를 내지요. 이를 설명하면서 사물의 특성을 종합적으로 인식할 수 있도록 도와주세요.

집 안에서 물건 찾기

• 적정 연령: **29~32개월** • 목표: **방향어 익히기** • 준비물: **없음**

놀이 방법 아이에게 심부름을 시키면서 물건의 위치를 말로 설명합니다.

관련 표현

• 앞 • 뒤 • 옆 • 위
• 아래 • 밑 • 첫 번째 • 두 번째

1 단계

심부름 놀이와 방식이 비슷합니다. 차이가 있다면 위치를 가리키는 단어를 포함해 말하는 거예요. 집 안에 있는 물건을 가져다달라고 하면서 다음과 같이 말하세요.

어른: "나은아, 지갑 좀 가져다줘."

아이: "어디?"

어른: "네 뒤에. 그래, 거기 식탁 위에."

아이: "이거?"

어른: "그래, 고마워."

이때 손으로 방향을 가리키거나 눈으로 그곳을 쳐다보지 않아야 해요. 온전히 말만 듣고 찾을 수 있도록 해야 합니다.

2단계

위치를 좀 더 구체적으로 설명해보겠습니다. 다음과 같이 말해주세요.

어른: "용찬아, 엄마 머리빗 좀 가져다줄래?"

아이: "어디 있어?"

어른: "저기 서랍장에."

아이: "서랍장 어디?"

어른: "밑에서 두 번째 서랍 열어볼래?"

아이: "머리빗 없어."

어른: "그럼 위에서 첫 번째 서랍 열어봐."

아이: "엄마, 여기 있다!"

이런 식으로 방향을 가리키는 말을 적절히 섞어서 말하면 됩니다. 아이가 심부름을 잘하면 듬뿍듬뿍 칭찬해주세요. 위치를 알려줘도 물건을 찾지 못하거나 어려워하면 어른이 손으로 물건이 있는 곳을 가리키세요. 그리고 다음에 다시 시도합니다.

이 놀이를 할 땐 가까운 곳에 있는 물건부터 시작해 점점 먼 곳에 있는 물건에 도전하기를 권합니다.

전문가의 조언

방향과 위치는 상대적인 개념입니다. 내 '앞'은 아이의 '뒤'가 될 수 있고 그 반대일 수도 있어요. 위/아래, 앞/뒤, 안/밖 등 상대적인 위치를 가리키는 말은 의미가 고정된 말에 비해 배우기가 어렵습니다. 아이가 잘 이해할 수 있도록 친절하게 설명해주세요.

인형 놀이

• 적정 연령: **41~44개월** • 목표: **'입다/입히다', '업다/업히다', '자다/재우다' 등 사동 표현과 피동 표현 익히기**
• 준비물: **인형 놀이 세트**

놀이 방법

아이와 인형 놀이를 해요.
밥 먹이기, 옷 입히기, 재우기 등을 하며 사동 표현과 피동 표현을 들려줍니다.

관련 표현

- 먹다/먹이다
- 입다/입히다
- 신다/신기다
- 자다/재우다
- 안다/안기다
- 업다/업히다

1 단계

아이와 인형 놀이를 하며 자연스럽게 말해 봅니다.

"나은아, 우리 아기(인형의 이름을 지어 불러도 좋습니다) 밥 먹일까?"

밥을 먹었으면 어린이집에 가야 합니다. 먼저 옷을 입어야겠죠.

"나은아, 아기 옷 입히자."

바지를 '입히'고 모자를 '씌우'고 신발을 '신깁'니다.

저녁이 되었군요. 다음과 같이 말하세요.

"나은아, 이제 아기 재워."

어른이 사동 표현을 써서 요구하거나 설명하는 거예요. 말하는 동시에 아이를 도와주거나 아이 혼자 하게끔 유도합니다.

2 단계

앞에서는 아이 입장에서 상황을 서술했다면 이번에는 인형 입장에서 설명합니다. 아이가 인형을 안아서 재우고 있다면 이렇게 말하세요.

"우와, 아기가 나은이한테 안겼네."

"인형이 나은이 등에 업혔구나."

아이들은 보통 사동 표현을 먼저 익히고 피동 표현을 나중에 배웁니다. 140~141쪽의 목록을 참고해서 일상에서도 자주 들려주세요.

전문가의 조언

사동과 피동을 이해하려면 내가 하는 입장인지 당하는 입장인지를 알아야 합니다. 아이들 입장에서는 헷갈리는 말이에요. 소꿉놀이는 이런 표현을 배울 수 있는 좋은 기회입니다. 아이 자신이 행위의 주체이고 인형이 그 대상이라는 사실을 잘 알기 때문입니다.

Tip 자주 쓰는 사동사와 피동사

사동사(내가 행위의 주체일 때 쓰는 말)		
감다/감기다	밝다/밝히다	울다/울리다
굽다/굽히다	벗다/벗기다	익다/익히다
끓다/끓이다	보다/보이다	읽다/읽히다
끝나다/끝내다	붙다/붙이다	입다/입히다
넓다/넓히다	비다/비우다	자다/재우다
녹다/녹이다	살다/살리다	잡다/잡히다
높다/높이다	서다/세우다	줄다/줄이다
눕다/눕히다	숨다/숨기다	차다/채우다
늘다/늘리다	신다/신기다	크다/키우다
돌다/돌리다	쓰다/씌우다	타다/태우다
먹다/먹이다	씻다/씻기다	피다/피우다
묻다/묻히다	안다/안기다	
물다/물리다	앉다/앉히다	

피동사(다른 사람에 의해 하게 되는 행위를 나타낼 때 쓰는 말)		
갈다/갈리다	모으다/모이다	안다/안기다
걸다/걸리다	묶다/묶이다	업다/업히다
긁다/긁히다	묻다/묻히다	엮다/엮이다
깎다/깎이다	물다/물리다	열다/열리다
깔다/깔리다	밀다/밀리다	읽다/읽히다
꺾다/꺾이다	박다/박히다	잠그다/잠기다
끊다/끊기다	밟다/밟히다	잡다/잡히다
낚다/낚이다	베다/베이다	접다/접히다
놓다/놓이다	보다/보이다	집다/집히다

닦다/닦이다	빨다/빨리다	쫓다/쫓기다
닫다/닫히다	빼앗다/빼앗기다	찍다/찍히다
덮다/덮이다	뽑다/뽑히다	차다/차이다
듣다/들리다	섞다/섞이다	파다/파이다
뚫다/뚫리다	쓰다/쓰이다	팔다/팔리다
뜯다/뜯기다	싣다/실리다	풀다/풀리다
막다/막히다	쌓다/쌓이다	
먹다/먹히다	쓰다/쓰이다	

사진 보며 기억하기

- 적정 연령: **37~40개월**
- 목표: **과거의 일을 설명하며 시간의 순서에 관한 표현 익히기**
- 준비물: **아이의 활동을 찍은 사진**

놀이 방법

아이와 함께 사진을 봐요. 시제와 시간의 순서를 나타내는 말을 넣어 사진에 대해 얘기해줍니다.

관련 표현

- "~했다", "~했었다" 등의 과거 표현, "~ㄹ 거야", "~ㄹ래" 등의 미래 표현
- 지금, 아까, 먼저, 나중에, ~후에, ~고 나서, ~기 전에, 앞으로 등 시간의 순서와 관련된 표현

1 단계

우선 사진을 마련합니다. 아이가 어떤 활동을 하든 사진을 찍어두세요. 예컨대 블록 놀이에 열중하고 있다면 블록 상자를 가져오는 모습, 블록 상자의 뚜껑을 여는 모습, 블록을 만드는 모습, 중간쯤 만든 모습, 완성한 모습을 시차를 두고 찍어주세요.

나들이 활동도 마찬가지입니다. 짐을 싸는 장면, 집 밖으로 나가는 장면, 교통수단을 이용하는 장면, 차 안에서의 장면, 목적지에 도착한 장면, 도착 후 이동 장면을 사진에 담아주세요. 찍은 사진을 저장할 때는 숫자를 표시해서 어떤 게 먼저이고 어떤 게 나중 일인지 알 수 있도록 합니다. 그 사진들을 보며 아이와 얘기를 나누면 됩니다.

어른: "나은아, 이때 기억나니? 우리 같이 놀이동산에 갔었잖아."

아이: "놀이동산 갔어."

어른: "그래, 가서 떡볶이 먹었지. 그런데 그전에 뭐 했더라?" (이전에 활동한 사진을 보여줍니다.)

아이: "범퍼카."

어른: "그래, 범퍼카를 탔어. 나은이가 설명을 아주 잘했어."

사진을 보면서 "그다음에", "그전에", "그러고 나서" 어떻게 했는지 묻습니다. 아이에게 먼저 적합한 대답을 들려주고 그 표현을 따라서 말하게끔 유도해도 좋습니다.

2단계

아이들은 대개 과거 시제보다 미래 시제 표현을 더 어려워합니다. 미래는 아직 일어나지 않은 일이기 때문이죠. 실제로 과거를 기억하는 일보다 미래를 예측하는 일이 더 어렵습니다. 미래의 일은 사진을 찍어서 설명할 수도 없어요. 그래서 미래 시제 표현을 설명할 때는 어떤 행동을 개시하기 전에 질문하는 식으로 아이의 이해를 돕는 게 좋습니다.

사진을 다 보았다고 가정하겠습니다. 그러면 다음과 같이 말하세요.

어른: "나은아, 사진 다 봤어. 그럼 우리 앞으로 뭐 할까?"

아이: "블록 놀이 해."

어른: "블록 놀이를 하고 싶구나. 그럼 이제 블록 놀이 할 거야?"

아이: "응, 블록 놀이 할 거야."

한 번 더 물어봐도 좋아요.

어른: "뭐 할 거라고?"

아이: "블록 놀이 할 거야."

어른: "아, 블록 놀이 할 거야? 그래, 알았어. 블록 놀이 하자."

마트에 가서 물건을 살 때도 물어보세요.

어른: (카트에 담긴 라면을 보여주며) "우리 지금 뭐 샀지?"

아이: "라면 샀어."

어른: "그래, 라면 샀구나. 그럼 다음에는 뭐 살까?"

아이: "사탕."

어른: "사탕을 사고 싶구나. 그럼, 사탕 살 거야?"

아이: "응, 사탕 살 거야."

어른: "그래, 우리 사탕 사러 가자."

과거 시제의 표현은 '사진 보기'로, 미래 시제의 표현은 '예정된 다음 행동을 질문'하며 유도하면 되겠습니다.

전문가의 조언

시간은 추상적인 개념입니다. 아이들은 지나간 것이 과거가 되고 그때의 일을 표현하려면 '했', '었'과 같은 어말어미를 써야 한다는 것, 그리고 아직 오지 않은 시간인 미래를 말할 때면 '~ㄹ'을 써야 한다는 사실을 배워야 합니다. 시간과 순서를 나타내는 말인 '방금', '아까', '조금 전에', '그다음에'와 같은 말도 알고 있어야 하겠죠. 그러려면 많은 경험이 필요합니다. 일부러라도 시제를 표현하는 말을 많이 들려주세요.

같은 카드, 다른 카드 찾기

• 적정 연령: **37~40개월** • 목표: **'같다', '다르다', '비슷하다' 표현 익히기** • 준비물: **그림 카드 두 벌**

놀이 방법

카드를 잘 섞어서 그중 열 장을 골라 펼쳐요. 한 장씩 가져오면서 그 카드와 같은 카드를 아이와 함께 찾습니다.

관련 표현

- 이것은 사자, 저것도 사자, 서로 같아요.
- 이것은 사자, 저것은 토끼, 서로 달라요.
- 이것은 호랑이, 저것은 고양이, 서로 비슷해요.

1 단계

같은 카드 두 벌을 골고루 섞어서 뒷면이 보이도록 더미를 쌓아둡니다. 그 중 열 장을 뒤집어 바닥에 펼쳐놓습니다. 이때 같은 카드가 반드시 한 쌍 이상 있어야 합니다. 없으면 같은 카드를 찾아서 한 쌍 이상 깔아주세요. 사자 카드 두 장, 호랑이 카드 두 장, 토끼 카드 한 장, 거북이 카드 한 장, 강아지 카드 한 장, 고양이 카드 한 장, 말 카드 한 장, 코끼리 카드 한 장, 이런 식으로 열 장이 깔렸다고 가정하겠습니다. 어른이 그중 사자 카드를 한 장 가져오면서 이렇게 말합니다.

"이거랑 같은 카드를 찾아주세요."

이때 이름 대신 '같은 것'이라고 말해야 합니다. 아이가 사자 카드를 찾으면 "용찬이가 같은 카드를 찾았네. 참 잘했어요"라고 말합니다. 만약 아이가 사자 카드가 아닌 호랑이 카드를 집었다면 두 장의 카드를 나란히 보여주며 이렇게 말하세요.

"서로 달라요. (사자 카드만 보여주며) 이것과 같은 카드 주세요."

아이가 어려워하면 "사자 주세요"라고 이름을 알려주세요. 사자 카드 한 쌍을 찾으면 한쪽으로 치우고, 더미에서 카드 두 장을 가져와 바닥에 깝니다. 그러면 바닥에는 다시 열 장의 카드가 펼쳐져 있겠지요. 이렇게 카드 찾기를 반복해서 열 쌍의 동물 카드를 모두 모으면 첫 번째 라운드가 끝납니다.

카드를 잘 섞어서 두 번째 라운드를 진행하는데, 이때는 역할을 바꾸어 아이가 같은 동물 카드를 찾을 것을 요구하고 어른이 찾습니다. 게임에 익숙해지면 두 장의 카드를 고를 수도 있습니다. "같은 것 한 장, 다른 것 한 장 주세요"와 같이 말하는 거예요.

2단계

같은 것과 다른 것은 이유가 분명합니다. 그런데 '비슷한 것'은 설명이 좀 더 필요해요. 두 대상이 비슷한 이유를 분명하게 대야 합니다. 한번 해보겠습니다.

이번에는 한 벌의 동물 그림 카드를 사용합니다. 같은 카드는 한 장도 없습니다. 카드를 잘 섞어서 더미를 만들고 그중 열 장을 펼쳐서 바닥에 깔아요. 바닥에 사자 카드, 호랑이 카드, 토끼 카드, 거북이 카드, 강아지 카드, 고양이 카드, 말 카드, 코끼리 카드, 독수리 카드, 닭 카드, 이렇게 열 장이 있다고 가정할게요. 어른이 호랑이 카드를 집으며 이렇게 말합니다.

"이것과 비슷한 거 찾아주세요."

아이가 토끼 카드를 골랐다면 그 이유를 물어봅니다.

"사자랑 토끼랑 왜 비슷해?"

아이가 나름대로 타당한 설명을 한다면(예를 들어 "털이 있어") 정답입니다! 아이가 망설이면 어른이 대신 비슷한 점을 찾아주세요. 호랑이 카드를 집어 들고 그 이유를 다음과 같이 설명할 수 있습니다.

"사자랑 호랑이는 비슷해! 둘 다 '어흥' 소리를 내."

"얼룩말과 고양이는 비슷해! 둘 다 줄무늬가 있어."

"닭과 독수리는 비슷해! 둘 다 날개가 있어."

"문어와 거북이는 비슷해! 둘 다 바다에 살아."

전문가의 조언

이 시기의 아이들은 사물의 속성을 이해하고 비교할 수 있습니다. 이를 언어적으로 표현한 것이 바로 '같다/다르다/비슷하다'예요. 게임을 하면서 이런 표현들을 아이에게 들려주세요. 공통점과 차이점을 분석하면서 논리적인 사고를 키울 수 있습니다.

연상 게임

• 적정 연령: **41~44개월** • 목표: **연관성 이해하기**
• 준비물: **명함 크기의 종이(또는 명함 용지), 색연필, 누름종(기계식 호출 벨)**

놀이 방법

종이 세 장에 그림을 그려 아이 앞에 내려놓아요.
아이는 그림들을 보고 연상되는 사물을 말합니다.

관련 표현

- 불, 자동차, 사다리 → 소방차
- 발, 공, 골대 → 축구
- 그네, 시소, 미끄럼틀 → 놀이터
- 새싹, 병아리, 꽃 → 봄
- 단풍잎, 낙엽, 허수아비 → 가을
- 구멍이 여러 개인 동그라미, 물방울, 꽃 → 물뿌리개
- 줄무늬, 말발굽, 꼬리 → 얼룩말
- 병원 표시(✚), 주사기, 청진기 → 병원
- 줄무늬, 동그라미, 씨앗 → 수박
- 수박, 선풍기, 해수욕장 → 여름
- 눈사람, 난로, 목도리 → 겨울

1 단계

미리 명함 크기의 종이에 그림을 그린 후 아이에게 게임 방법을 설명합니다.

"자, 내가 그림 카드를 내려놓을 거야. 그림을 보고 생각나는 게 있으면 종을 치고 말해."

그러면서 그림 카드를 한 장씩 내려놓으면서 설명을 보탭니다.

(자동차 카드를 내려놓으며) "이것은 자동차예요."

(이어서 사다리 카드를 내려놓으며) "사다리가 달렸어요."

(이어서 불 카드를 내려놓으며) "불이 났을 때 끕니다."

그림 카드를 내려놓을 땐 약간 시차를 두세요. 그 사이에 아이가 대답할 수 있으니까요. 아이가 종을 치면 카드 내려놓기를 중단합니다. 만약 단서가 되는 그림 카드를 모두 보여주었는데도 아이가 대답하지 못하면 소방관처럼 단서가 되는 그림을 하나 더 그려서 보여주거나 "삐요, 삐요" 같은 소리를 들려줍니다.

2 단계

그림 카드 한 장만 보고 연상되는 것을 말합니다. 훨씬 간단하면서도 상상력을 발휘할 수 있는 방식이에요. 그러면서 아이의 설명이 좀 더 길어집니다. 예를 들어 아이가 동그라미와 줄무늬를 보고 "하늘"이라고 말하고 "동그라미는 태양이고 줄무늬는 내리는 비"라고 설명했다면 "아하, 그렇구나!" 하고 공감해주세요.

전문가의 조언

'연상'은 인간의 고유한 사고 능력입니다. 동그라미를 보면 얼굴, 태양, 달, 접시 등을 연상합니다. 줄무늬를 보면 얼룩말을 연상하고, 씨앗을 보면 꽃을 연상해요. 누구나 하는 공통의 연상은 상징이 됩니다. 비둘기는 평화를 상징하고, 총과 칼은 전쟁을 상징하지요. 연상은 고등 언어 능력인 상징, 직유, 비유 등의 토대가 됩니다.

계절을 알리는 소리

• 적정 연령: **49~52개월** • 목표: **의성어와 의태어로 연상하기** • 준비물: **누름종**

놀이 방법

특정 계절을 소리, 동작으로 제시합니다. 아이는 소리를 듣거나 동작을 보면서 특정 계절이 생각나면 종을 치고 대답합니다.

관련 표현

- 봄: 삐약삐약(병아리), 개굴개굴(개구리), 졸졸(시냇물), 활짝(꽃 피는 모습의 동작 묘사)
- 여름: 맴맴(매미), 철썩철썩(파도), 윙윙(선풍기), 앵앵(모기)
- 가을: 귀뚤귀뚤(귀뚜라미), 바스락바스락(낙엽), 나뭇잎 떨어지는 모습 묘사(잎 진 나무)
- 겨울: 덜덜덜(추위), 휘잉휘잉(바람), 펄펄(눈), 두르는 동작(목도리)

1 단계

누름종을 사이에 두고 아이와 마주 앉아요. 어른이 다음과 같이 말합니다.

"잘 듣고 생각나면 종을 치고 말해요."

모기 소리, 파도 소리, 선풍기 소리를 시차를 두고 차례로 들려줍니다. 아이가 대답이 없으면 힌트를 줍니다.

"사계절 중 하나입니다."

보기를 줄 수도 있습니다.

"봄일까요, 여름일까요, 가을일까요, 겨울일까요?"

아이가 종을 치고 "여름?"이라고 말하면 "딩동댕! 맞혔습니다"라고 칭찬해주세요. 그러고 나서 지금까지 들려준 소리를 다시 한 번 들으며 다음과 같이 설명해주세요.

"이건 모기 소리야. 여름에는 모기가 있어."

"이건 파도 소리야. 여름에는 바다로 놀러 가."

"이건 선풍기 소리야. 더우니까 선풍기를 틀어."

이때 손짓으로 날아다니는 모기, 파도치는 모습, 선풍기 팬 돌아가는 모습을 표현한다면 아이가 훨씬 더 알아맞히기가 쉽겠죠?

2 단계

이 놀이는 장소, 도구, 직업 등과 관련된 낱말을 알려줄 때도 응용할 수 있어요.

장소_ “어디일까요?”

- **바다:** 끼룩끼룩(갈매기), 철썩철썩(파도), 뿌웅뿡(배)
- **산:** 졸졸졸(시냇물), 짹짹짹(새), ‘야호’ 소리
- **놀이터:** 찌그덕찌끄덕(시소), 앞뒤로 움직이는 동작(그네), 위에서 아래로 내려오는 동작 (미끄럼틀)

도구_ “무엇일까요?”

- **망치:** 땅땅땅+망치질 동작
- **톱:** 슥삭슥삭+톱질 동작
- **드릴:** 위잉+구멍 파는 동작
- **삽:** 영차+땅 파는 동작

직업_ “누구일까요?”

- **경찰관:** 삐뽀삐뽀(경찰차), 삐익삐익(호루라기), 교통정리 수신호 동작
- **미용사:** 싹둑싹둑(가위질), 휘이잉(드라이어), 머리 감기 동작
- **소방관:** 삐뽀삐뽀(소방차), 쏴아쏴아(소방호스), 불 끄기 동작
- **요리사:** 딱딱딱딱(도마질), 보글보글(물 끓이기), 접시에 담는 동작

전문가의 조언

실제 소리를 단서로 줄 수도 있습니다. 유튜브에서 동영상을 구하거나 무료 음향 제공 사이트에서 소리를 찾아요. 영문 사이트인 파인드사운즈(www.findsounds.com)를 추천합니다.

몇 개인지 알아맞히기

• 적정 연령: **45~48개월** • 목표: **하나부터 열까지 세기, '~보다 많다/적다' 표현 들려주기**
• 준비물: **콩 열 개, 불투명한 컵**

놀이 방법

콩을 테이블 위에 놓고 개수를 세요. 어른이 그중 몇 개를 손 안에 숨기고 아이가 어른의 손 안에 있는 콩의 개수를 맞힙니다.

관련 표현

- 몇 개
- 한 개
- 두 개
- 세 개 …
- 열 개

1 단계

콩 열 개를 준비해 컵에 담아둡니다.

컵에서 콩을 다섯 개 꺼내 탁자 위에 놓아요. 그리고 아이와 함께 콩의 수를 셉니다.

"하나, 둘, 셋, 넷, 다섯. 와! 여기 콩 다섯 개가 있네?"

어렵지 않지요? 이제 게임을 해보겠습니다.

아이가 못 보게 콩 두 개를 손에 쥡니다. 그리고 나서 "짠!" 하며 주먹을 내밀며 말하세요.

"손에 콩이 몇 개 있을까요?"

아이는 어른 손 안을 볼 수 없습니다. 하지만 그 안에 콩이 몇 개나 있는지는 알 수 있어요. 탁자 위에 콩이 세 개 남아 있으니까요. 아이가 "두 개"라고 말하면 "딩동댕! 맞혔어요" 하면서 손을 펼치고 개수를 확인합니다. 만약 아이가 "한 개"라고 했다면 "그것보다 많아요"라고 말하세요. "세 개"라고 했다면 "그것보다 적어요"가 되겠지요. 다른 쪽 손으로 개수를 알려줄 수도 있습니다. 이렇게 한 라운드가 끝납니다.

그다음 라운드를 시작할 때는 컵에서 콩을 한 개 더 가져와서 총 여섯 개의 콩을 테이블 위에 둡니다. 하나부터 여섯까지 콩을 센 후 어른이 그중 몇 개를 손에 숨깁니다. 이런 식으로 콩 다섯 개에서 시작해서 콩 열 개까지 다섯 라운드를 연속으로 합니다. 그런 후에 아이와 역할을 바꾸세요. 이번에는 아이가 문제를 내고 어른이 대답합니다. 아시죠? 일부러 틀려서 아이를 기쁘게 해주세요.

2 단계

콩을 테이블 위에 펼쳐놓는 대신 컵에 콩을 넣고 흔들어 소리를 들려줍니다. 아이는 소리를 단서로 개수를 추정해야 합니다. 막막하겠지요. 그래도 방법은 있습니다. 아이가 먼저 예상 개수를 말하고 어른이 "그것보다 많다", "그것보다 적다"로 대답하며 점점 범위를 좁혀가면 되지요.

어른: "몇 개일까요?"

아이: "다섯 개!"

어른: "그것보단 많아요."

아이: "그럼 열 개?"

어른: "그것보단 적어요."

아이: "일곱 개!"

아이가 맞히기까지 오래 걸린다 싶으면 "두 개 적어요", "세 개 많아요" 식으로 힌트를 더 주세요.

전문가의 조언

콩을 셀 때의 단위는 '개'입니다. 개수를 말할 때 가장 많이 쓰이는 말이지요. 다른 말도 있습니다. 동물은 '마리'이고, 책은 '권'입니다. 연필은 '자루'이고, 수박은 '통', 사과는 '알'로 표현합니다. 음료수를 셀 때는 '병'이라고 하고, 종이상자는 '개'이지만 나무상자를 셀 때는 '짝'이라고도 합니다. 아이들이 이 차이를 이해하려면 많은 경험이 필요해요. 일상에서 단위와 관련한 표현을 좀 더 구체적으로 들려주세요.

- 쌀 한 가마
- 젓가락 한 쌍
- 옷 한 벌
- 집 한 채
- 밥 한 그릇
- 신발 한 켤레
- 나무 한 그루
- 도토리 한 톨
- 밥 한 술
- 꽃 한 송이
- 연필 한 자루
- 책 한 권
- 종이 한 장
- 과자 한 봉지
- 사이다 한 병
- 시리얼 한 통

상황 놀이를 하며 문장으로 말해요

세 살(생후 24개월)쯤 되면 아이는 자기 의사를 서너 개의 낱말로 표현하게 됩니다. 간혹 조사를 사용하는데, 이는 언어 발달 단계에서 '구절'에서 '문장'으로 이행하는 과도기적 단계에 있다는 것을 보여줍니다. 이에 걸맞게, 이번 장에서는 언어 표현을 구체화하고 적절한 조사를 사용해 문장을 완성하는 연습을 하겠습니다. 궁극적 목적은 아이가 문장을 말하도록 돕는 것이므로 적극적으로 모방과 자발적 표현을 유도할 것입니다. 여기에서 소개되는 놀이를 하기 위해서는 준비물이 필요합니다. 집에서 손쉽게 구할 수 있는 물건들을 주로 활용하지만, 때에 따라서는 교구가 필요할 수도 있습니다.

책으로 지은 집

- 적정 연령: 25~28개월
- 목표: '누구세요, '안녕하세요', '도와주세요' 등의 표현 익히기
- 준비물: 그림책 여러 권, 장난감 탈것, 인형

놀이 방법 책을 쌓아올려 인형 집을 만들어요. 집을 무너뜨려서 구급대가 출동하고 인형을 구하는 상황을 연출하며 문장 표현을 유도합니다.

관련 표현

- 안녕하세요.
- 어서 오세요.
- 들어와요.
- 도와주세요.
- 삐뽀삐뽀, 구급차 가요.
- 빨리 타요.
- 빵빵! 비켜요.

1 단계

책으로 2층 이상의 집을 만들어요. 그리고 인형으로 다음과 같은 대화를 나누세요.

아이: "똑똑, 계세요?"

어른: "누구세요?"

아이: "나은이예요."

어른: "네, 들어와요. 밥 먹었어요?"

아이: "배고파요."

이제 집이 무너집니다. 아이가 직접 무너뜨리는 게 좋겠죠? 우당탕탕, 집이 무너지면 도움을 요청해야 합니다.

"도와주세요, 다쳤어요."

구급차가 출동합니다.

"삐뽀삐뽀, 구급차 가요."

책 더미에서 인형을 꺼내 구급차에 태웁니다.

"병원 가요."

"빨리 타요."

"빵빵! 비켜요."

그때그때 상황에 맞춰 문장을 들려주세요. 의성어, 의태어, 감탄사 등을 섞어서 말해도 좋습니다. 참고로, 아이들은 과장된 몸짓을 좋아해요. 과하다 싶을 정도의 몸짓과 표정을 보여주세요.

아이가 말을 하지 않을 수 있어요. 그럴 때는 다음의 두 가지 방법을 사용합니다.

한 가지 방법은 아이가 할 말 전부를 어른이 대신 말하고 기다리는 것입니다.

어른: "누구세요?"

아이: "……."

어른: (아이를 보며) "용찬이에요."

아이: "용찬이에요."

또 다른 방법은 어른이 아이가 할 말 중 일부를 대신 말하고 기다리는 것입니다.

어른: "누구세요?"

아이: "……."

어른: "(아이를 보며) 용-."

아이: "용찬이에요."

기다려도 아이가 말을 하지 않을 수 있어요. 그럴 때는 어른이 대신 말하고 넘어갑니다. 나중에 한 번 더 모방을 유도하세요. 놀이의 흐름이 끊겨서는 안 되니까요.

2 단계

상황을 좀 더 구체적으로 표현합니다. 택배가 오는 경우를 가정해서 다음과 같이 말할 수 있어요.

어른: "똑똑, 택배 왔어요. 문 열어요."

아이: "네, 문 열었어요. 들어오세요."

이번에는 그림책으로 만든 집을 무너뜨리고 119에 신고하는 상황입니다.

아이: "큰일났어요. 집이 무너졌어요."

어른(119): "집이 무너졌다고요? 안 다쳤나요?"

아이: "아파요, 팔 다쳤어요."

119: "주소가 어떻게 되나요?"

아이: "○○동 ○○번지입니다."

119: "구급차 출동해요. 기다려요."

이런 식으로 한 번에 세 개에서 다섯개의 낱말을 사용해서 말해요.

전문가의 조언

아이들은 무엇이든 무너뜨리는 걸 좋아합니다. 책은 물론 종이 상자, 블록, 종이컵 등으로 쌓게 하고 무너뜨리기를 할 수 있어요. 무너뜨릴 때는 "우와!", "와장창!", "우루루" 등 소리를 지르며 놀란 표정을 지어주세요. 아이가 호기심을 보이며 아주 흥미로워 할 겁니다.

이때 인형을 사용해서 상황 놀이를 하세요. "어디 있을까?" 하며 무너진 더미에서 사람이나 동물을 함께 찾을 수도 있고, "이번엔 호랑이 집을 지어요"라고 말하면서 쌓기와 무너뜨리기를 반복할 수도 있습니다.

병원 놀이

• 적정 연령: **25~28개월** • 목표: **'배 아파요, '머리 아파요', '주사 맞아요', '약 먹어요' 등 병원에서 쓰이는 표현 익히기** • 준비물: **병원 놀이 세트**

놀이 방법

어른과 아이가 각각 의사와 환자 역할을 해요. 인형으로 대신 할 수도 있어요. 상황 놀이를 하면서 병원에서 쓰이는 표현을 말하도록 유도합니다.

관련 표현

- 배 아파요.
- 주사 놓아요.
- 열이 나요.
- 기침을 해요.
- 감기에 걸렸어요.
- 손 다쳤어요.
- 약 먹어요.
- 붕대 감아요.

1 단계

병원 놀이를 하면 자연스럽게 "어디 아파요?", "배가 아파요", "머리 아파요", "몸이 피곤해요", "기운이 없어요", "이제 다 나았어요"와 같은 표현을 들려줄 수 있어요. 가장 먼저 환자가 진료실에 들어가는 상황부터 시작할까요? 아이가 환자 역할을, 어른이 의사 역할을 합니다.

아이: "안녕하세요."

어른: "어서 오세요. 어디 아파요?"

아이: "배 아파요."

어른: "윗도리를 위로 올려보세요." (청진기로 배를 진찰하는 동작을 합니다.)

아이가 "머리 아파요"라고 말하면 머리를 문질러주고, "엉덩이가 아파요"라고 말하면 엉덩이에 주사를 놓습니다. 팔을 다쳤다면 "붕대 감아요"라고 말하고, 진료가 끝나면 "약 먹어요" 하며 약을 줍니다(원래는 약국에서 약을 받지만 병원 놀이를 할 때는 병원에서 약을 받는 것으로 설정합니다).

2 단계

진료 과목이나 증상에 따라 좀 더 구체적으로 상황을 연출합니다. 예컨대 치과라면 이런 표현을 할 수 있지요.

"아~, 해보세요."

"충치 있어요."

"이 아파요."

"이 뽑아요."

"양치해요."

감기에 걸렸다면 환자는 이런 표현을 할 수 있습니다.

"목 아파요."

"콜록콜록 기침을 해요."

"열이 나요."

"코 막혀요."

의사는 이렇게 말할 수 있습니다.

"마스크 써요."

"약을 처방할게요"

"주사를 맞아야 해요."

전문가의 조언

병원 놀이에는 청진기, 체온계, 주사기, 거울, 가위, 안경, 반창고, 핀셋(집게) 등 다양한 도구가 등장합니다. 이 도구들을 사용하면서 도구의 이름과 사용법을 함께 알려주세요.

가게 놀이

- 적정 연령: 25~28개월 · 목표: '뭐예요', '얼마예요', '~팔아요', '~주세요' 등 가게에서 쓰이는 표현 익히기
- 준비물: 가게 놀이 세트

놀이 방법

가상의 가게를 두고 어른과 아이가 각각 손님과 상점 주인의 역할을 합니다. 인형으로 할 수도 있어요. 상황 놀이를 하면서 관련 표현을 말하도록 유도하세요.

관련 표현

- 똑똑(띵동띵동), 안에 계세요?
- 네, 누구세요.
- 사과 있어요?
- 하나에 얼마예요?
- 사과 하나에 500원입니다.
- 사과 하나랑 배 두 개 주세요.
- 많이 파세요.
- 다음에 또 오세요.
- 감사합니다. 안녕히 가세요.

1 단계

가게는 물건을 사고파는 곳입니다. 놀이를 하면서 가게에서 쓰이는 표현을 말하도록 유도하세요. 손님이 가게 문을 두드리는 상황부터 시작합니다. 아이가 가게 주인 역할을, 어른이 손님 역할을 합니다.

어른: "똑똑, 계세요?"

아이: (문을 열며) "어서 오세요."

어른: "사과 팔아요?"

아이: "네, 팔아요."

어른: "한 개에 얼마예요?"

아이: "500원이에요."

어른: (돈을 건네는 체하며) "여기 500원 있어요."

아이: (돈을 받고 물건을 내주며) "네, 감사합니다."

어른: (인사하며) "많이 파세요."

아이: "또 오세요."

2 단계

가게마다 파는 물건이 달라요. 진열된 물건들을 설명하고 그중 하나를 고르는 상황을 연출하거나, 특정 물건을 어디에서 파는지 물어볼 수도 있습니다. 이번에는 아이가 손님을, 어른이 가게 주인을 합니다.

어른: "어서 오세요."

아이: "사과 있어요?"

어른: "사과 없어요. 채소 가게로 가세요."

또는 이렇게도 대화할 수 있습니다.

어른: "어서 오세요. 채소 가게예요. 당근, 배추, 무 있어요. 뭐 줄까요?"

아이: "당근 주세요."

다양한 상황을 연출하면서 아이에게 적절한 표현을 들려주세요.

전문가의 조언

세 살 무렵이 되면 아이는 낱말과 낱말을 붙여서 문장처럼 사용하는 경우가 많아집니다. 이런 표현을 어른이 도울 수 있어요. 아이의 낱말에 이를 꾸미는 낱말을 하나 더 붙이는 거예요. 예를 들어 아이가 "책이야"라고 말하면 어른은 "그래, 엄마 책이야", "예쁜 책이네", "파란 책이구나" 등으로 들려줍니다.

방석 차 타기

• 적정 연령: **25~28개월** • 목표: **'빵빵 차 가요', '용찬이 차 타요' 등의 표현 주고받기**
• 준비물: **방석(또는 수건, 이불, 큰 상자), 인형**

놀이 방법

방석 위에 아이가 앉아요. 어른은 그 방석의 한쪽을 잡아요. 아이가 말하면 방석을 출발시키거나 방향을 바꿔요. 인형을 태우면서 적절한 표현을 유도합니다.

관련 표현

• 나은이, 차 타요. • 빵빵, 자동차 가요. • 용찬이, 방석 차 타요. • 차 저기 밀어요.
• 빵빵, 지금 출발해요. • 철수 여기 가요. • 엄마 버스 타요. • 아빠 버스 내려요.

1 단계

방석 차를 준비합니다. 수건이나 이불로 해도 좋아요. 큰 종이 상자의 윗면만 잘라내도 훌륭한 차가 됩니다. 아이를 방석 차에 태우고 말해요.

"용찬이, 출발!"

아이를 태우고 신나게 돌아다니다가 멈추고 아이가 말하기를 기다려요. 아이가 아무 말도 하지 않으면 어른이 본을 보여 따라 말하게 합니다(162쪽 '책으로 지은 집' 참고).

아이가 "용찬이 출발"이라고 말했다면 방석 차는 계속 움직입니다. 그러다 장애물을 만나면 다음과 같이 말해주세요.

"엄마, 비켜요."

"뽀로로야, 비켜."

이번에는 방향과 관련된 표현을 말해볼까요? 방석 차를 타고 방향을 틀면서 말합니다.

"자동차, 앞으로 가요."

"자동차, 용찬이한테 가요."

"자동차, 엄마한테 가요."

가다가 뽀로로 인형을 만날 수도 있어요. 그러면 함께 가야 해요.

"뽀로로야, 어서 타."

"뽀로로, 나은이랑 방석 차 타요."

방 안, 마루, 거실을 한바탕 휘젓고 다니셨나요? 아마도 아이는 계속 놀이하기를 원할 거예요. 그만하자고 할 때까지 계속하면 좋지만, 그러면 어른이 너무 힘들죠. 간간이 역할을 바꿔서 아이더러 끌라고 해보세요. 의외로 아이가 좋아할 수도 있어요.

2 단계

방석 차가 출발할 때 목적지를 물어요.

어른: "나은아, 어디 갈래?"

아이: "동물원."

어른: "그래?" (아이와 눈을 맞추며) "나은이 동물원 출발!"

아이: "동물원 출발!"

중간에 물건을 실어볼까요?

어른: "용찬아, 저기 사과가 떨어졌네. 실을까?"

아이: "응."

어른: (아이와 눈을 맞추며) "용찬이 사과 싣고 출발!"

아이: "사과 싣고 출발!"

이런 식으로 차에 타고 내리기, 손님 태우기 등 다양한 상황을 연출하며 좀 더 많은 낱말로 문장을 표현해주세요.

전문가의 조언

아이가 표현을 많이 하도록 이끌려면 놀이 상황이 일단 재미있어야 하고 어른이 말을 많이 해야 합니다. 그런 점에서 방석 차 타기는 성공률 100퍼센트를 자랑하는 놀이입니다. 놀면서 자연스레 아이가 말을 하게 유도

할 수 있지요.

말이 많지 않은 아이라면 해야 할 말을 들려주고 따라 말하도록 유도합니다. 이때는 꼭 아이의 얼굴, 특히 눈을 보세요. 눈맞춤은 '내가 따라서 말해야 하는구나' 하고 깨닫게 하는 신호입니다.

장난감 자동차 굴리고 받기

• 적정 연령: **25~28개월** • 목표: **'용찬이 차 굴려요', '나은이 버스 밀어요' 등의 표현 주고받기**
• 준비물: **장난감 자동차**

놀이 방법

아이와 거리를 두고 마주 앉아요. 장난감 자동차를 밀어서 주고받으면서 두세 개의 낱말로 이루어진 표현을 주고받습니다.

관련 표현

- 차 굴려요.
- 버스 밀어요.
- 차 잡았다.
- 소방차 타요.
- 구급차 타요.

1 단계

아이와 거리를 두고 앉아요. 어른이 먼저 장난감 자동차를 아이 쪽으로 밀면서 말합니다.

"차 굴려요."

자동차가 아이 앞에 도착했나요? 그러면 다음과 같이 요구해요.

"용찬이 차 굴려요."

"나은이 차 밀어요."

아이가 어른 쪽으로 차를 밀었다면 성공이에요. 아이가 방향을 잘 잡아서 굴리면 "용찬이, 차 굴렸네! 잘했어요" 하고, 어른과 조금 떨어진 곳으로 굴리면 과장된 동작으로 몸을 날리면서 "아빠가 차 잡았다!" 하고 말합니다.

장난감 자동차를 서로 주고받다가 어른이 자동차를 잡고 아이의 눈을 보세요. 반복되던 행동을 멈추고 아이가 표현하기를 기다리는 거예요. 비로소 아이가 "차 밀어요"라고 말하면 다시 자동차를 아이 쪽으로 밀어줍니다.

2단계

이렇게 몇 차례 아이가 "차 밀어요"라고 말을 했다면 이번에는 여기에 "빵빵" 소리나 자동차 이름을 붙여보겠습니다. 자동차를 밀면서 다음과 같이 말하세요.

"빵빵, 버스 가요."

"빵빵, 버스 굴려요."

"빵빵, 버스 밀어요."

'버스' 대신 택시, 소방차, 경찰차, 사다리차, 구급차는 물론 비행기, 배, 헬리콥터, 자전거 등을 넣어 말할 수 있어요. 자동차 대신 굴러가는 다른 사물로 놀이를 해도 좋습니다. 고무공, 탁구공, 플라스틱 공, 탱탱 볼, 아동용 훌라후프, 둥근 깡통(날카롭지 않은 것), 둥글게 만 양말 등을 활용하세요.

전문가의 조언

'주고받기'는 대화의 기본입니다. 내가 말하면 상대가 듣고, 상대가 말하면 내가 들어야 하니까요. 두 사람이 동시에 말하면 대화가 되지 않습니다. 자기가 말할 차례를 기다려야 해요. 주고받기는 이러한 대화의 특성을 익힐 수 있는 좋은 놀이입니다.

종이접기

• 적정 연령: **41~44개월** • 목표: **'색종이를 접다', '펴다', '뒤집다' 등의 문장 주고받기** • 준비물: **색종이, 풀, 가위**

놀이 방법 어른과 아이가 종이접기를 하는 과정에서 목적격 조사(을/를)를 포함한 문장을 주고받습니다.

관련 표현

- 색종이를 잘라요.
- 노란 색종이를 오므려요.
- 빨간 색종이를 반듯하게 펴요.
- 노란 색종이를 풀로 붙여요.
- 빨간 색종이를 오려요.
- 색종이를 앞으로(뒤로) 접어요.
- 색종이를 반대 방향으로 돌려요.
- 파란 색종이를 떼요.
- 파란 색종이를 접어요.

1 단계

아이와 색종이를 접으면서 다음과 같이 대화해요. 요점은 목적격 조사 '을/를'을 붙여서 하나의 문장을 만드는 것이에요. 어른이 들려주고 아이가 그 말을 따라하게 합니다.

어른: "함께 배를 접을 거예요. 따라하세요."

아이: "……."

어른: "색종이를 반으로 접어요. (종이를 반으로 접은 뒤에) 어떻게 한다고 했지?"

아이: "색종이를 반으로 접어요."

어른: "그렇구나. 색종이를 반으로 접는구나. 대답을 참 잘했어요."

이런 식으로 들은 말을 그대로 따라 말하게끔 하세요. 너무 자주 확인하면 흐름이 깨지니 종이접기를 한 번 할 때 한두 번 정도 따라 말하기를 합니다. 즉 종이를 접으면서 어른이 지금 하고 있는 동작을 말로 설명하고 가끔 아이가 따라 말하는 거예요.

2 단계

보통 종이접기를 설명할 때는 '~을 어떻게 하다' 식으로 진행돼요. 종이를 접고 펴고 오리고 뒤집고 돌려서 접지요. 여기에 꾸며주는 말을 넣으면 문장이 좀 더 길어집니다. 다음과 같이 말해보세요.

"빨간 색종이를 길게 잘라요."

"파란 색종이에 뒷장을 붙여요."

"노란 색종이 뒷면에 풀칠을 칠해요."

아이와 함께 멋진 작품을 만들었나요? 해당 작품을 보면서 그 과정을 한 번 더 말로 설명해주세요. 그리고 열심히 종이접기를 했으니 아이와 함께 맛있는 간식을 먹습니다.

전문가의 조언

색종이는 색이 다양합니다. 덕분에 두 개 이상의 낱말을 손쉽게 만들 수 있어요. '색종이'라는 말 앞에 색 이름을 붙이면 됩니다. '빨간 색종이', '파란 색종이', 이렇게요. 종이접기를 하면서 색깔 이름도 배우고 좀 더 긴 문장으로 표현할 수 있도록 도와주세요.

장난감 자동차 만들기

• 적정 연령: 34~36개월 • 목표: '가위로 잘라요', '풀로 붙여요', '구멍을 뚫어요' 등의 표현 주고받기
• 준비물: 만들기 책, 만들기 재료(과자 포장 상자, 색종이, 병뚜껑, 빨대, 꼬치, 테이프 등)

놀이 방법

재활용품으로 장난감 자동차를 만들어요. 그 과정에서 도구격 조사(-으로), 목적격 조사(-을/를)를 포함한 문장을 주고받습니다.

관련 표현

- 가위로 상자를 잘라요.
- 칼로 빨대를 잘라요.
- 송곳으로 구멍을 뚫어요.
- 구멍에 꼬치를 끼워요.
- 바퀴에 색종이를 붙여요.
- 털실을 감아요.
- 철사를 구부렸다 펴요.
- 고무줄을 잡아당겨요.
- 색연필로 상자를 칠해요.

1단계

우선, 과자 상자를 준비해 한쪽에 두어요.

먼저 자동차 바퀴를 만들 건데요. 병뚜껑 두 개를 맞대 테이프로 붙이고 한가운데에 구멍을 뚫어요. 같은 방식으로 바퀴를 세 개 더 만듭니다.

적당한 길이로 자른 빨대 안에 요리용 꼬치를 넣어 축을 만들고, 축의 양쪽에 구멍이 뚫린 병뚜껑을 하나씩 붙입니다. 축 하나를 더 만들어 양쪽에 병뚜껑을 하나씩 붙입니다. 그렇게 만든 바퀴축 두 개를 상자 아래에 붙이면 자동차가 완성됩니다.

이 과정에서 다음과 같이 대화할 수 있어요.

어른: "바퀴 먼저 만들자. (병뚜껑 두 개를 붙여 테이프로 감으며) 뚜껑을 테이프로 감아요."

아이: "……." (어른이 바퀴 만드는 모습을 지켜봐요.)

어른: "방금 어떻게 했죠?"

아이: "뚜껑을 테이프로 감았어요."

어른: "그렇구나. 뚜껑을 테이프로 감았어요. 대답을 잘했어요."

어른이 먼저 시범을 보이고 나서 질문을 해 아이가 표현하도록 유도했습니다. 만약 대답이 없으면 아이의 눈을 보며 어른이 대신 말하고 아이가 따라 말하게 합니다.

어른: "방금 어떻게 했죠?"

아이: "……."

어른: (아이와 눈을 맞추고 동작을 취하며) "뚜껑을 테이프로 감아요."

아이: "뚜껑을 테이프로 감아."

어른: "그렇구나. 뚜껑을 테이프로 감았어."

2 단계

'~으로 ~을 하다'와 같은 문장에 꾸미는 말을 더해 좀 더 길게 말합니다.

"칼로 빨대를 반으로 잘라요."

"바퀴에 송곳으로 구멍을 뚫어요."

"바퀴에 빨간 색종이를 붙여요."

"고무줄을 길게 잡아당겨요."

"색연필로 상자를 파랗게 칠해요."

이와 같이 만들기 과정에서 다양한 문장 표현을 유도할 수 있어요.

재활용품으로 쓸모 있는 물건을 만드는 방법은 책이나 인터넷에 많이 나와 있으니 아이가 좋아할 만한 작품을 함께 만들어보세요. 말도 배우고 성취감도 느낄 수 있어요. 이때 만드는 과정 자체를 즐길 수 있도록 해주셔야 합니다. 어른이 들려주고 아이가 가끔 따라 말하는 것으로 언어놀이는 충분합니다.

전문가의 조언

조사는 정확한 문장을 구성하는 데 꼭 필요한 요소입니다. 만들기는 '~으로 ~을 하다' 표현을 익히기에 매우 좋습니다. 아이와 함께 만들면서 지금 하는 행위와 동작을 문장으로 들려주고 표현하도록 유도해주세요.

문장 듣고 카드 찾기

• 적정 연령: 34~36개월 • 목표: '타는 것', '먹는 것', '무늬가 있는 것', '바퀴가 있는 것' 등의 표현 주고받기
• 준비물: 그림 낱말 카드

놀이 방법 바닥에 그림 카드를 여러 장 펼쳐놓아요. 이 중에서 하나를 마음속으로 정하고 '~것'을 포함하는 문장으로 설명해주세요. 아이는 설명을 듣고 카드를 찾아냅니다.

관련 표현

- 먹는 것
- 재미있게 보는 것
- 키가 큰 것
- 코가 납작한 것
- 가지고 노는 것
- 종이를 자를 때 쓰는 것
- 학교 갈 때 타는 것

1 단계

카드를 잘 섞어서 뒷면이 보이도록 가운데에 더미를 쌓아요. 맨 위에서 다섯 장을 골라 탁자에 펼칩니다. 코끼리 카드, 가위 카드, 연필 카드, 수박 카드, 버스 카드가 나왔다고 가정하겠습니다. 어른이 먼저 다음과 같이 말해요.

"타는 것 주세요."

아이가 버스 카드를 주면 성공이에요. 같은 카드에 대해 "바퀴가 있는 것"이라고 설명할 수도 있어요. 만약 아이가 다른 카드를 고르면 "한 번 더 생각해볼까요? 부릉부릉 소리 나는 것이에요"와 같이 힌트를 주세요.

정답을 맞혔다면 그 카드를 아이에게 주고 카드 더미에서 한 장의 카드를 가져와 탁자에 펼쳐놓습니다. 이런 식으로 바닥에는 늘 다섯 장의 카드가 있어야 해요. 만약 코끼리 카드, 가위 카드, 연필 카드, 수박 카드, 나무 카드가 펼쳐져 있다면 각각 "코가 긴 것 주세요"(코끼리), "종이를 자르는 것 주세요"(가위), "글씨 쓰는 것 주세요"(연필), "속은 빨갛고 겉은 초록인 것 주세요"(수박), "열매가 나는 것 주세요"(나무)라고 설명할 수 있어요.

이런 식으로 카드 찾기를 열 번 하면 한 라운드가 끝납니다. 두 번째 라운드는 역할을 바꿔 아이가 설명하고 어른이 찾는 방식으로 진행합니다.

2 단계

첫 번째 게임에 익숙해졌다면 이제 난이도를 올려보겠습니다.

다음과 같이 설명해보세요.

"눈이 크고 귀가 긴 것을 찾아요." (토끼)

꾸미는 말이 '구'에서 '절'로 좀 더 길어졌습니다. 다른 카드를 설명할 때 다음과 같이 표현할 수 있어요.

"문을 열 때 쓰는 것을 찾아요." (열쇠)

"둥글고 줄무늬가 있는 것을 주세요." (수박)

"정류장에서 타는 것을 찾아요." (버스)

먼저 어른이 이런 표현을 들려주고 역할을 바꿔서 아이가 그 말을 참고해서 설명할 수 있게끔 도와주세요.

전문가의 조언

관형어는 명사를 수식하는 말입니다. '아름다운 꽃', '달콤한 사과'에서 '아름다운', '달콤한' 같은 표현이 여기에 해당하지요. 꾸미는 말은 그 길이에 따라 관형구나 관형절이 되는데, 꾸미는 말이 길어질수록 문장은 어려워집니다. 간단하고 짧은 표현부터 시작하세요.

누가 어디에서 무엇을 할까?

- 적정 연령: **29~32개월**
- 목표: **'고양이가 집에서 세수해요', '돼지가 학교에서 공부해요' 등의 문장 표현하기**
- 준비물: **동물 카드, 장소 카드, 행동 카드**

놀이 방법

동물 카드, 장소 카드, 행동 카드를 각각 쌓아요. 각각의 더미 맨 위에서 한 장씩 가져와 펼칩니다. 이 세 장의 그림을 보며 누가 어디에서 무엇을 하는지 문장으로 말해요.

관련 표현

다음의 세 낱말을 조합해 문장을 만듭니다.

- 누가(동물 카드): 개, 고양이, 돼지, 사자, 호랑이, 코끼리, 사슴 등
- 어디에서(장소 카드): 집, 안방, 부엌, 화장실, 학교, 병원, 마트, 바다, 산 등
- 무엇을 하다(행동 카드): 공부하다, 청소하다, 수영하다, 요리하다, 잠자다 등

1단계

동물 카드 열 장, 장소 카드 열 장, 행동 카드 열 장을 각각 쌓아 더미를 만들어요. 맨 위의 카드를 한 장씩 가져와 모두 세 장을 바닥에 펼칩니다. 사자 카드, 집 카드, 세수 카드가 나왔다고 가정하겠습니다. 어른이 다음과 같이 물어요.

"누가 어디에서 무엇을 하나요?"

아이가 "사자가 집에서 세수해요"라고 대답했다면 성공입니다. 칭찬해주세요. 만약 어려워하면 어른이 대답의 일부분을 말해줍니다.

어른: "누가 어디에서 무엇을 하나요?"

아이: "……."

어른: (사자 카드를 가리키며) "사자가……."

아이: "사자가 집에서 세수해요."

아이가 바르게 말했나요? 그러면 동물 카드 더미 맨 위에 있는 카드를 한 장 펼쳐서 지금 깔린 사자 카드 위에 포개놓습니다. 토끼가 나왔군요. 또 묻습니다.

"누가 어디에서 무엇을 하나요?"

아이가 "토끼가 집에서 세수해요"라고 대답했다면 성공입니다.

이런 식으로 동물 카드를 펼쳐서 열 번 문장을 완성하면 역할을 바꿉니다. 아이가 묻고 어른이 대답해요.

2 단계

1단계에서는 동물 카드만 계속 바꾸었습니다. '누가 어디에서 무엇을 하다'에서 '누가'에 해당하는 부분만 바꾼 거예요. 이번에는 '무엇을'과 '~하다'도 함께 바꿉니다. 세 가지 카드 더미에서 맨 위의 카드를 동시에 펼치는 거예요. 그러면 주어, 목적어, 서술어도 함께 바뀝니다.

(카드를 펼치면서) "누가 어디에서 무엇을 하나요?"

"고양이가 집에서 세수해요."

"참 잘했어요. (다시 세 장의 카드를 펼치면서) 누가 어디에서 무엇을 하나요?"

"돼지가 학교에서 축구해요."

이런 식으로 열 번 묻고 답하기가 끝나면 역할을 바꾸어 두 번째 라운드를 이어갑니다. 펼쳐진 세 장의 카드 조합에 따라 다양한 표현이 나올 수 있어요.

문장의 내용이 이치에 맞지 않아도 상관없습니다. 중요한 건 주어, 목적어, 서술어가 완전히 갖춰진 문장을 표현하는 거예요.

전문가의 조언

우리말의 조사는 주격(은/는, 이/가), 목적격(을/를), 접속격(랑, 하고, 도), 부사격(에서, 으로, 한테) 등이 있어요. 그런데 조사를 빼고 말해도 뜻이 통해요. 다만 책을 읽거나 글을 쓰려면 조사를 적절히 활용할 줄 알아야 합니다. 아이에게 빼먹지 말라고 주의를 주는 대신 어른이 조사를 사용해 말함으로써 문법적 지식을 자연스럽게 익힐 수 있도록 도와주세요.

어린이날
사진 보며 말하기

• 적정 연령: **29~32개월** • 목표: **경험 설명하기** • 준비물: **사진**

놀이 방법

가족사진을 보며 자기의 경험을 말해요.

관련 표현

- 놀이터에 그네가 있어요.
- 집에 식탁이 있어요.
- 그네를 탔어요.
- 밥을 먹었어요.
- 그 외 상황이나 경험과 관련한 설명

1 단계

아이와 함께 사진을 볼까요? 어린이날에 찍은 사진이에요. 어른이 묻고 아이가 대답하는 식으로 대화를 이어가주세요.

어른: "여기 어디에요?"

아이: "놀이동산."

어른: "누가 있나요?"

아이: "나랑 아빠."

어른: "그렇구나. 우리 거기서 뭐 했지?"

아이: "회전목마 탔어."

어른: "그렇구나! 우리 놀이동산에서 회전목마 탔구나!"

어른이 장소, 인물, 행동을 중심으로 질문을 하고 아이가 대답을 한 후 마지막에 아이의 대답을 어른이 한 문장으로 정리해 말했어요. 다른 사진도 쭉 훑어보세요. 그런 다음 맨 처음 보았던 사진으로 돌아옵니다. 아이에게 이렇게 물어보세요.

"누가 어디에서 무엇을 했나요?"

아이가 "놀이동산에서 아빠랑 회전목마 탔어"와 같이 설명했다면 성공입니다. 어려워하면 장소나 인물에 대해 힌트를 주세요.

이 밖에도 휴대전화에 저장된 사진들을 적극적으로 활용하세요. 집에서 밥을 먹는 사진, 어린이집에서 생일잔치를 하는 사진도 좋아요. 어릴 적 모습을 보면서 과거의 경험을 말하고 현재와 비교할 수도 있습니다.

2 단계

이번에는 사진을 다 보고 나서 아이 혼자 설명해보겠습니다. 먼저 사진을 보면서 어른이 다음과 같이 설명해주세요.

"용찬이가 어린이날에 놀이동산에서 회전목마 탔어요."

그다음엔 같은 날 찍은 식당 사진을 보며 말해요.

"식당에서 엄마 아빠랑 짜장면을 먹었네!"

돌아오는 길에 마트에 들러 장을 보는 사진을 보며 어떤 일이 있었는지를 얘기합니다.

"마트에서 과자랑 음료수도 샀어요."

어린이날에 찍었던 사진을 다 보았나요? 그렇다면 아이에게 무슨 일이 있었는지 물어보세요. 첫 번째 사진은 아이가 설명하고, 다음 사진은 어른이 설명하고, 그다음 사진은 아이가 설명하는 식으로 진행하면 더욱 좋습니다.

사진은 경험뿐만 아니라 상황을 설명하는 데도 도움이 됩니다. 일상을 찍어 두세요. 지나가는 사람이나 풍경을 찍고 후에 함께 사진을 보며 말하세요. 다양한 상황 설명도 연습할 수 있습니다.

"아저씨가 길에서 자전거를 타요."

"경찰 아저씨가 차를 타고 지나가요."

"하늘에 구름이 떠 있어요."

"나뭇가지에 새가 앉아 있어요."

전문가의 조언

미리 계획을 하고 사진을 찍어서 활용할 수도 있습니다. 편의점에서 아이가 직접 물건을 고르고 계산하게 하면서 그 과정을 사진으로 담아요. 집으로 돌아와서 "아이스크림 골라요", "돈을 내요", "거스름돈을 받아요", "아이스크림 먹어요"와 같이 경험을 단계적으로 세분화해 표현하는 연습을 할 수 있습니다. 약국·편의점·마트·문방구 등의 장소에서 물건을 살 때, 놀이 기구를 이용할 때도 마찬가지예요. 단계를 나누어 사진을 찍고 함께 얘기 나눠보세요.

과일이 나오면 종을 쳐요

- 적정 연령: **41~44개월**
- 목표: **"과일이 나오면 종을 쳐요", "동물이 나오면 종을 쳐요"처럼 말해 '~하면 ~한다' 표현 주고받기**
- 준비물: **그림 카드(동물, 과일, 채소, 생활 용품 포함), 누름종**

놀이 방법

아이와 마주 앉아서 조건을 설명한 뒤에 카드를 한 장씩 펼칩니다. 조건에 맞는 카드가 나오면 종을 쳐요.

관련 표현

- 동물이 나오면 종을 쳐요.
- 과일이 나오면 종을 쳐요.
- 시계가 나오면 종을 쳐요.
- 칫솔이 나오면 종을 쳐요.

1 단계

그림 카드를 잘 섞어서 뒷면이 보이도록 더미를 쌓아요. 과일, 채소, 동물, 생활 용품 그림 카드가 골고루 섞여 있어야 합니다. 누름종을 아이 앞에 두고 다음과 같이 말하세요.

"동물이 나오면 종을 쳐요."

그런 다음 그림 카드를 한 장 펼쳐서 내려놓습니다. 펼쳐진 그림 카드는 동물일 수도 있고 아닐 수도 있어요. 가위가 나왔다면 다음 그림 카드를 기다려야 하지만, 사자가 나왔다면 바로 종을 쳐야 합니다. 이런 식으로 시차를 두고 그림 카드를 한 장씩 뒤집어요.

다음처럼 조건을 제시할 수도 있습니다.

어른: "과일이 나오면 종을 쳐요."

(맨 위 카드 뒤집으니 사과 카드 등장!)

아이: (종을 치며) "사과!"

종을 치고 과일 이름을 말했다면 해당 카드는 아이가 가져갑니다. 게임은 계속됩니다.

어른: "다음입니다."

(그다음 카드 뒤집으니 수박 카드 등장!)

아이: (종을 치며) "수박!"

어른: "딩동댕, 맞아요. 수박은 과일이에요. 그다음입니다."

(다음 카드 뒤집으니 코끼리 카드 등장!)

아이: "……."

어른: "좋아요, 코끼리는 과일이 아니네요. 동물이죠. 다음입니다."

(그다음 카드 뒤집으니 귤 카드 등장!)

아이: (종을 치며) "귤!"

만약 해당 카드가 나왔는데 종을 치지 않으면 그 카드는 가져갈 수 없습니다. 대신 한쪽에 치워둡니다.

이렇게 해서 열 번의 카드 펼치기를 하면 한 라운드가 끝납니다. 아이가 몇 장의 카드를 가져갔는지 기록합니다.

다음 라운드는 같은 조건에서 역할만 바꿔 진행합니다. 아이가 "과일이 나오면 종을 쳐요"라고 말하고 카드를 펼치고 어른이 종을 칩니다. 두 번째 라운드를 마쳤다면 결과를 확인하세요. 카드를 더 많이 가져간 사람이 이깁니다.

2단계

조건을 추가하거나 추상적인 말을 사용할 수도 있어요. 예를 들면 다음과 같이 조건을 정합니다.

"과일이나 동물이 나오면 종을 쳐요."

"우리 집에 있는 게 나오면 종을 쳐요."

이때 조건에 해당하는 카드가 너무 안 나오면 재미없겠죠? 카드 더미를 만들 때 해당하는 카드 서너 장과 그렇지 않은 카드 일곱 장 정도의 비율로 섞어주세요. 두세 장에 한 번꼴로 해당 카드가 나와야 놀이가 지루하지 않습니다.

전문가의 조언

복문은 말 그대로 여러 개의 문장이 합쳐진 것입니다. "비가 와서 우산을 썼다", "아이가 노는 모습을 보았다"처럼 서술어(썼다)나 명사(모습)를 꾸며주기도 하고 "하늘은 파랗고 꽃은 빨갛다"처럼 두 개의 문장이 나란히 이어지기도 합니다. 어른들은 일상에서 복문을 많이 씁니다. 그러나 어린 아이들에게는 어려워요. 48개월 이상은 되어야 이런 복잡한 문장을 이해할 수 있습니다. 그전까지는 간결한 문장으로 말해주세요.

스피드 퀴즈

- 적정 연령: **37~40개월**
- 목표: **"귀가 길고 눈은 빨개요", "당근을 좋아하고 깡충깡충 뛰어요"처럼 '~하고 ~해요' 표현 주고받기**
- 준비물: **그림 카드(동물, 과일, 채소, 생활 용품 포함)**

놀이 방법

그림 카드 열 장을 손에 쥐고 그중에서 한 장을 골라 그 카드에 그려진 그림에 대해 설명합니다. 아이는 설명만 듣고 해당 사물을 맞혀야 해요. 그런 다음에는 역할을 바꿔 아이가 설명하고 어른이 맞힙니다.

관련 표현

- 키가 크고 목이 길어요.
- 코가 길고 귀가 커요.
- 느리고 등에 껍질이 있어요.
- 눈이 크고 부엉부엉 울어요.

1단계

아이와 마주 앉아요. 그림 카드 열 장을 골라 손에 들고 그중 한 장의 카드에 대해 다음과 같이 설명하세요.

"키가 크고 목이 길어요. 뭘까요?"

아이가 "기린"이라고 대답했다면 성공! 기린 카드를 아이에게 줍니다. 알아맞히기 어려워하면 첫소리인 '기'를 말해주거나 목이 길다는 것을 몸짓으로 표현합니다. 퀴즈는 계속 이어집니다.

어른: "귀가 길고 눈이 빨개요. 뭘까요?"

아이: "……."

어른: "깡충깡충." (의태어 힌트)

아이: "토끼!"

어른: "딩동댕! 잘 맞혔어요. (토끼 카드를 아이에게 주면서) 다음 문제! 이빨이 날카롭고 이마에 줄무늬가 있어요. 무서워요. 뭘까요?"

아이: "……."

어른: "호~." (첫 소리 힌트)

아이: "호랑이!"

이렇게 해서 열 개의 동물 카드를 다 설명했다면 한 라운드가 끝납니다. 다음 라운드에서는 역할을 바꿔요. 방금 쓴 카드 열 장을 아이에게 주고 한 장씩 설명합니다. 아이가 어려워하면 어른이 카드를 확인하고 이렇게 말하세요. 아이가 사슴을 설명해야 한다고 가정해볼게요.

"'머리에 뿔이 있고 숲속에 살아요'라고 말해요."

아이가 이 말을 따라서 하면 어른이 정답을 말하고 다음 카드 설명으로 넘어갑니다.

2 단계

이번에는 설명하기와 대답하기를 번갈아 해보겠습니다. 카드 열 장을 다섯 장씩 아이와 나누어 가져요. 어른이 설명하면 아이가 대답하고, 이어서 아이가 설명하면 어른이 대답합니다.

다음과 같이 진행돼요.

어른: "꼬리가 있고 야옹 소리를 내요. 뭘까요?"

아이: "고양이."

어른: "딩동댕, 잘했어요. (고양이 카드를 아이에게 줍니다.) 다음은 용찬이가 퀴즈를 낼 차례예요."

아이: "개굴개굴 울고 펄쩍펄쩍 뛰어요. 뭘까요?"

어른: "돼지."

아이: "땡! 틀렸어요." (개구리 카드를 한쪽으로 치웁니다.)

어른: "이번에는 아빠가 문제 낼 차례네. 다리가 두 개이고 꼬꼬댁 소리를 내요. 뭘까요?"

아이: "닭." (닭 카드를 아이에게 줍니다.)

이런 식으로 각자 가진 카드를 모두 설명했다면 게임이 끝납니다. 더 많이 맞힌 사람이 이겨요.

전문가의 조언

아이가 복문으로 설명하는 게 이 게임의 핵심이에요. 텔레비전 예능 프로그램에서도 보셨을 텐데요. 차이가 있다면 빨리 설명할 필요가 없다는 점이에요. 그러니 아이를 재촉하지 말고 천천히 설명할 수 있도록 기다려주세요.

주말에 한 일 사진 보며 말하기

• 적정 연령: **41~44개월** • 목표: **시간 순서에 따라 경험 재구성하기** • 준비물: **사진**

놀이 방법

장보기 또는 나들이 사진을 출력해요. 시간 순서에 따라 사진을 배열하고 설명합니다.

관련 표현

• 순차적 표현: 마트에 갔어요. → 아이스크림을 먹었어요. → 고기를 샀어요. → 차를 타고 집에 왔어요.

1 단계

사진을 보고 설명하는 활동이에요. 앞서 '어린이날 사진 보며 말하기'(191쪽)와 방식이 비슷하지만 여기서는 '시간'이 중요한 설명 요소가 됩니다. 일련의 활동을 시간 순서대로 떠올려야 해요.

스마트폰 등을 이용해서 장보기 또는 나들이했던 사진을 찍으세요. 제일 먼저 한 일(사진 1), 중간에 한 일(사진 2), 나중에 한 일(사진 3), 맨 마지막에 한 일(사진 4) 식으로 총 네 장의 사진을 출력합니다.

지난 일요일에 마트에 갔다고 가정하겠습니다. 어른이 먼저 시간 순서에 따라 사진을 나열하고 다음과 같이 설명해주세요.

"지난 일요일에 마트에 갔어요(사진 1). 구슬 아이스크림을 먹었어요(사진 2). 고기를 샀어요(사진 3). 차를 타고 집으로 왔어요(사진 4)."

어른의 설명이 끝나면 사진을 섞어요. 이제 아이 차례입니다. 사진을 순서대로 나열하고 아까처럼 설명해야 합니다. 어려워하면 다음과 같이 알려주세요.

어른: (사진 네 장을 건네며) "지난 일요일에 있었던 일을 말해주세요."

아이: "마트…."

어른: (해당 사진을 맨 앞에 놓으며) "'지난 일요일에 마트에 갔어요'라고 말해요."

아이: "지난 일요일에 마트에 갔어요."

어른: "그다음에는요?"

아이: (다음 사진을 제자리에 놓으며) "구슬 아이스크림 먹었어요."

어른: "그랬군요. 그다음은요?"

이런 식으로 회상을 이어갑니다.

설명을 마치면 마지막으로 사진 없이 온전히 기억에 의존해서 회상하게 합니다. 힘들어하거나 어려워하면 사진을 힌트로 보여주거나 어른이 시범을 보여주세요.

2 단계

단계를 좀 더 세분화합니다. 가장 먼저 한 일(사진 1), 중간에 한 일(사진 2), 중간에 한 일(사진 3), 나중에 한 일(사진 4), 나중에 한 일(사진 5), 마지막에 한 일(사진 6), 이렇게 여섯 장의 사진을 출력해요. 그런 뒤에 앞서와 같이 어른이 먼저 회상합니다. 그다음엔 사진을 섞고 아이에게 차례를 넘겨요. 다음과 같이 회상할 수 있습니다.

"지난 일요일에 마트에 갔어요(사진 1). 구슬 아이스크림을 먹었어요(사진 2). 3층에서 카레를 샀어요(사진 3). 과일과 고기도 샀어요(사진 4). 식당에서 카레밥을 먹었어요(사진 5). 차를 타고 집으로 왔어요(사진 6)."

마트에서 장보기 이외에도 다양한 경험을 할 수 있어요. 사진을 보며 마트에서 했던 경험들을 회상합니다.

학교(어린이집) 행사 때 찍은 사진, 아이와 여행했던 사진, 요리했던 사진도 좋습니다. 말을 가르쳐준다기보다 아이와 좋은 추억을 나눈다고 생각하세요. 아이의 표현이 서투르면 도와주거나 힌트를 주는 것도 잊지 마시고요. 놀이를 마친 뒤에는 출력한 사진을 노트나 앨범에 정리해두면 더욱 좋겠죠?

전문가의 조언

보고 들은 것을 '아무 말 대잔치' 식으로 늘어놓던 아이가 어느 순간부터 '스토리'를 만듭니다. '자기 입장'에서 중요한 일 위주로 얘기해요. 정보를 선별해서 경험을 재구성하지요. 이는 긴 얘기나 글을 읽고 내용을 요약하거나 요점을 파악하는 능력과도 관련이 있습니다. 사진을 보고 회상하기는 그런 능력을 연습할 좋은 기회입니다. 또 함께했던 순간을 회상하면서 논리성과 체계성을 익히는 기회가 될 수 있습니다.

요리법 말해보기

• 적정 연령: **45~48개월** • 목표: **조리 과정 얘기하기** • 준비물: **요리책 등 조리 과정을 사진과 함께 소개한 자료**

놀이 방법

요리책이나 요리 관련 자료에서 사진을 오려요. 조리 순서대로 사진을 배열하고 설명합니다.

관련 표현

- 밀가루 반죽
- 반죽 넓게 펴기
- 반죽 위에 양파, 옥수수 콘, 햄 등 토핑 올리기
- 치즈와 토마토케첩 뿌리기
- 오븐에 굽기

1 단계

요리는 재료 준비부터 시식까지 일련의 과정으로 이루어집니다. 얘기를 구성하기 좋은 소재죠. 놀이 방식은 앞서 한 '주말에 한 일 사진 보며 말하기'(203쪽)과 비슷합니다.

먼저, 요리책에서 조리 과정을 설명한 사진을 오려둡니다. 예컨대 '피자 만들기' 조리 과정 사진을 준비할 수 있어요.

사진을 잘 섞어서 테이블 위에 둡니다. 어른이 먼저 사진을 순서대로 나열하고 피자 만드는 법을 말해주세요.

이번에는 아이가 설명할 차례예요. 아이가 다섯 장의 사진을 잘 나열하고 설명했나요? 그럼 이제 사진을 치우고 온전히 기억에 의존해서 조리법을 설명해야 해요. 어려워하면 사진을 힌트로 주거나 대신 말해주어도 좋습니다. 다섯 과정 중 세 과정 이상을 기억해서 설명했다면 성공입니다! 칭찬해주시고 피자를 주문해서 아이와 함께 맛있게 먹습니다.

2 단계

상황에 따라 조리법이 좀 더 복잡하거나 간단한 요리를 선택하세요.

예를 들면 비빔밥이나 국수보다 양장피 같은 요리의 조리 과정이 더 복잡하겠지요. 양장피라면 이렇게 설명할 수 있습니다.

"채소와 맛살을 썰어요. → 버섯을 볶아요. → 새우와 오징어를 데쳐요. → 소고기를 볶아요. → 양장피를 삶아요. → 접시에 담고 소스를 뿌려요."

조리 단계가 많은 경우에는 몇 단계는 생략하셔도 좋습니다.

아이와 놀이하기 좋은 요리로 떡국, 국수, 햄버거, 김치찌개, 고등어구이 등 일상적이고 친숙한 요리를 추천합니다.

전문가의 조언

말을 익힐 땐, 사진만 보고 배우기보다는 직접 경험하고 체험하는 게 좋습니다. 요리도 마찬가지입니다. 꼭 복잡한 요리가 아니어도 좋아요. 라면을 끓이거나 인스턴트 음식을 조리할 때도 요리 순서를 단계별로 설명해 주세요. 이를 통해 모국어의 '문장'에 익숙해진 아이는 '이야기'라는 더 큰 바다로 나아가게 됩니다.

5부

말을 배우는 데 문제가 생겼어요

모국어는 누구나 배울 수 있습니다. 옹알이만 하던 아이가 때가 되면 어른처럼 유창하게 말을 하게 됩니다. 하지만 모국어를 익히는 속도와 과정은 사람마다 다릅니다. 여러 가지 이유로 늦게 말을 배우거나 말하는 데 어려움이 생기기도 합니다. 이런 현상은 일시적일 수도 있지만, 경우에 따라서는 전문가의 도움이 필요할 수도 있습니다. 이번 장에서는 언어를 익히는 과정에서 생길 수 있는 대표적인 발달 문제에 대해 설명하고, 그 문제를 해결하는 데 도움이 되는 간단한 활동을 소개합니다. 참고하시되 문제가 계속되거나 변화가 없다면 전문가와 상담하시기를 권합니다.

발음이 나빠서 알아듣기 어려워요

세 살에서 다섯 살은 발음의 틀이 잡히는 시기예요. 세 살 즈음만 해도 ㅅ(시옷)이나 ㄹ(리을) 같은 어려운 음소는 발음이 서툽니다. 그러다가 네 살쯤 되면 발음이 명료해지고, 다섯 살 무렵엔 대부분의 음소를 정확하게 발음할 수 있습니다. 다소 개인차가 있지만 ㄹ, ㅅ, ㅆ, ㅊ 같은 소리가 가장 나중에 습득돼요.

간혹 발음이 안 좋아서 아이가 하는 말을 못 알아듣겠다고 호소하는 부모님들이 계십니다. 조음 검사를 해보면 아이가 말을 할 때 특정 음소를 생략하거나 다른 소리로 바꾸어 발음하는 경우가 대부분입니다. 예컨대 '바지'를 "아지"라고 한다거나 "다지"라고 발음해요. 낱말의 앞뒤에 있는 음소들이 서로 영향을 끼쳐 같은 소리가 될 때도 있습니다. '가방'을 "바방"이라고 말합니다. 뒤의 ㅂ이 앞의 ㄱ에 영향을 미쳐 둘 다 ㅂ으로 발음하게 되는 거예요. 반대로 '가방'을 "가강"이라고 말하기도 합니다. 둘 다 소리가 왜곡된 발음 오류입니다.

받침을 생략하는 경우도 자주 있지요. '딸기'를 "따기"라고 하거나 '단추'를 "다추"라고 발음하죠. 때로 음절 하나를 통째로 빼서 말하기도 한답니다. '바람개비'를 "바개비" 또는 "바람개"라고 말해요.

발음이 안 좋으면 알아듣기가 어렵습니다. 그만큼 소통에 어려움이 생기지요. 발음 오류가 의사소통에 끼치는 영향을 정도 순으로 보면 다음과 같아요. 뒤로 갈수록 알아듣기 어렵습니다.

❶ 소리 바꾸기(대치/왜곡) 〈 ❷ 음소 빼먹기 〈 ❸ 음절 빼먹기

이런 발음 오류는 조음 기관(혀, 입술 등)이 아직 덜 발달했기 때문에 생겨요. 아이가 성장하면서 ❸ → ❷ → ❶ 순서로 사라집니다. 두세 살 정도라면 괜찮지만 다섯 살이 되었는데도 이런 발음 오류 때문에 말을 알아들을 수 없다면 어른이 발음 연습을 시켜주어야 합니다.

여기서는 아이의 발음 오류를 개선할 간단한 연습을 몇 가지 소개하겠습니다. 일주일에 두 번 정도, 한 번에 30분쯤 연습을 도와주세요. 3~6개월 정도 연습해도 발음이 나아지지 않으면 전문가에게 도움을 요청하시기를 권합니다.

모음은 음절을 이루는 뼈대와 같습니다. 모음에 자음이 붙어 다양한 말소리를 만들기 때문이죠. 명확한 모음 발음은 언어 발달에서 기본 중의 기본이라고 할 수 있어요. 아이가 말할 때 특정 자음이 아니라 말소리 전체가 뭉개진다면 모음부터 연습해야 합니다.

모음 연습하기

- **목표:** 모음 1음절부터 다음절까지
- **준비물:** 연습지

자세를 바로 하고 앉게 합니다. 허리를 펴고 얼굴과 목이 일직선이 되게 자세를 잡아주세요. 목이 꺾이거나 힘이 들어가면 소리 내기가 어려워요. 입도 다물게 해주세요. 입을 벌리고 있으면 침이 고여서 소리를 방해하거든요. 그럼 발성을 시작할게요.

먼저 모음 1음절(한 글자 소리)입니다.

❶ 천천히 숨을 내쉬며 모음 '아'를 5초간 소리 냅니다.

❷ 숨을 마시고 내쉬며 '이' 음을 5초간 소리 냅니다.

❸ '우', '에', '오'를 같은 방식으로 끊어서 각각 5초씩 소리 냅니다.

다음은 모음 2음절(두 글자 소리)입니다.

❶ 천천히 숨을 내쉬며 모음 2음절 '아아'를 5초간 소리 냅니다.
❷ 숨을 마시고 내쉬며 '아이'를 5초간 소리 냅니다.
❸ '아우', '아에', '아오'를 같은 방식으로 끊어서 각각 5초간 소리 냅니다.

이런 식으로 모음 3~5음절을 소리 낼 텐데요. 소리 조합은 다음과 같으니 참고하세요.

- **모음 1음절:** 아-이-우-에-오
- **모음 2음절:** 아아-아이-아우-아에-아오, 이아-이이-이우-이에-이오, 우아-우이-우우-우에-우오, 에아-에이-에우-에에-에오, 오아-오이-오우-오에-오오
- **모음 3음절:** 아이우-아이에-아이오, 이우아-이우에-이우오, 우에아-우에이-우에오, 에오아-에오이-에오우, 오아이-오아우-오아에
- **모음 4음절:** 아이우에-이아우에-우아이에-에아이우, 이우에오-우이에오-에이우오-오이우에, 우에아이-에우아이-아우에이-이우에아, 에아이우-아에이우-이에아우-우에아이
- **모음 5음절:** 아이우에오-이우에오아-우에오아이-에아이우오-오아이우에

더 많은 조합이 가능하지만, 이 정도로 충분합니다.

소리와 관련한 입 주위 기관으로는 턱, 입술, 혀, 치조(윗니 바로 뒤 딱딱한 잇몸 부분), 경구개(입천장의 딱딱한 부분), 연구개(입천장의 부드러운 부분), 연인두(목 쪽 비강과 구강 사이에서 밸브의 역할을 하는 기관) 등이 있습니다. 자음은 이들 구강 기관의 움직임에 큰 영향을 받습니다. 먼저 입술소리부터 연습하겠습니다.

ㅂ, ㅍ, ㅁ, ㅃ과 같은 소리는 입술의 움직임이 중요해요. 특히 입술이 완전히 닫히지 않으면 소리가 올바로 나오지 않아요. 여기서는 입술을 완전히 닫을(입술 폐쇄) 수 있도록 힘을 키우는 연습을 하겠습니다.

입술 주변 마사지

손을 깨끗이 씻은 후 아이의 윗입술 주변을 마사지합니다. 양쪽 엄지손가락으로 위에서 아래로 밀어내는데요, 안쪽에서 바깥쪽으로 8회 진행합니다. 이어서 아래턱 주변을 8회 마사지합니다. 이때는 아래에서 위로 밀어내듯이 하면 됩니다. 이때 "하나 둘 셋 넷 둘 둘 셋 넷" 하고 구령을 붙여주면 좋아요.

마사지는 근육을 이완시키고 긴장을 푸는 효과가 있습니다. 평소 입술 움직임에 큰 문제가 없다고 생각되면 생략해도 좋습니다.

'파', '파', '파' 소리 내기

◆ **목표:** 입술을 붙였다 떼며 "파" 하고 소리 내기

◆ **준비물:** 색종이, 탁구공, 오리털

책상을 두고 아이와 마주 앉아요. 가로세로 0.5센티미터로 자른 색종이 조각을 책상에 올려두세요. 어른이 먼저 시범을 보입니다. 코로 숨을 들이마셔요. 숨을 참았다가 색종이 조각 위에서 입을 열면서 "파" 하고 터뜨립니다. 그러면 색종이 조각이 좌악 하고 흩어지겠지요. 아이가 "파", "파", "파" 하고 소리를 내도록 도와주세요.

색종이 대신 겨울옷이나 이불에서 빠져나온 오리털을 올려놓아도 됩니다. 책상에 탁구공을 올려놓고 "파" 소리를 내 탁구공을 움직이는 놀이도 할 수 있어요. 공기의 흐름에 반응하는 다양한 재료들을 활용하세요.

조음 연습하기

다음은 모음과 함께 받침 없는 1음절을 연습합니다.

받침 없는 1음절

- 아-마 • 아-미 • 아-무 • 아-메 • 아-모
- 아-바 • 아-비 • 아-부 • 아-베 • 아-보
- 아-파 • 아-피 • 아-푸 • 아-페 • 아-포
- 아-빠 • 아-삐 • 아-뿌, • 아-뻬 • 아-뽀

받침 없는 1음절을 연습한 후 다음 낱말을 연습합니다.

ㅁ으로 시작하는 낱말

- 마개
- 마늘
- 마름모
- 마술
- 마스크
- 마이크
- 매미
- 머리
- 메달
- 메뚜기
- 모기
- 모래
- 모자
- 무
- 만두
- 만화
- 말
- 망치
- 무릎
- 무지개
- 미꾸라지
- 미끄럼틀
- 미역
- 면도
- 멸치
- 목걸이
- 목도리
- 목욕
- 못
- 문
- 문방구
- 문어
- 물감
- 물개
- 물고기
- 믹서
- 민들레

ㅂ으로 시작하는 낱말

- 바구니
- 바나나
- 바늘
- 바둑
- 바람개비
- 바이올린
- 바지
- 바퀴
- 배
- 배구
- 배꼽
- 배낭
- 배드민턴
- 배추
- 버드나무
- 버섯
- 버스
- 베개
- 보름달
- 보리
- 보물
- 보자기
- 부리
- 부엉이
- 부채
- 비누
- 비둘기
- 비옷
- 비행기
- 박수
- 박쥐
- 보석
- 발
- 밥
- 방망이
- 방울
- 방패
- 뱀
- 번개
- 벌

• 복숭아 • 볼펜 • 붓 • 붕대 • 빗

ㅍ으로 시작하는 낱말

• 파 • 파도 • 파리 • 파인애플 • 퍼즐
• 포도 • 포크 • 표범 • 피리 • 피아노
• 피자

ㅃ으로 시작하는 낱말

• 빼기 • 뽀뽀 • 뿌리 • 삐약삐약 • 삐에로
• 빨강 • 빨대 • 빨래 • 빵 • 뿔

ㄱ 소리가 어려울 때

ㄱ, ㅋ, ㄲ은 입 안쪽에서 나는 소리입니다. 고개를 뒤로 젖히면 좀 더 소리 내기가 쉬워요. 아이에게 소리가 나는 지점인 혀의 뒷부분을 움직이라고 말해주세요. 혀의 가운데나 앞쪽을 입천장에 붙이고 ㄷ으로 말하는 경우가 많기 때문입니다.

소리 연습은 혀와 입천장 사이가 가장 가까운 모음인 '으', '이'와 결합해서 시작합니다.

• 아-그　• 아-기　• 아-구　• 아-거　• 아-게
• 아-가

그런 다음 자음을 먼저 발음합니다.

• 그-아　• 기-아　• 구-아　• 거-아　• 게-아
• 가-아

이런 식으로 연습한 후 낱말을 연습해요. ㅋ과 ㄲ은 소리 내는 방법이 비슷해요. 다만 좀 더 강한 소리입니다. ㄱ을 먼저 연습한 후에 자리가 잡히면 대부분은 해당 소리도 잘 발음할 수 있습니다.

ㄱ으로 시작하는 낱말

• 가게　• 가방　• 가수　• 가시　• 가위
• 가지　• 개구리　• 개미　• 거미　• 거북
• 거울　• 거품　• 계단　• 고드름　• 고래
• 고추　• 고양이　• 과일　• 과자　• 교실
• 구두　• 구름　• 귀　• 그네　• 그릇
• 그림　• 기린　• 기차　• 기침　• 감
• 감기　• 감자　• 강아지　• 곰　• 경찰
• 공룡　• 국수　• 국자　• 군인　• 귤

• 김밥

ㄹ은 가장 나중에 배우는 소리

ㄹ은 혀끝에서 굴러가는 소리라고 해서 '유음'이라고 합니다. 자음 발달에서 가장 나중에 완성되는 음소예요. 받침일 때와 첫 음으로 쓰일 때의 조음 방법이 다릅니다. 받침으로 쓰일 때는 혀끝을 윗니 뒤편에 붙인 채 소리를 내고, 첫소리로 쓰일 때는 붙였다가 떼지요. 받침일 때 좀 더 소리 내기가 쉽습니다. 다음을 혀끝 움직이기 연습과 병행하세요.

받침으로 쓰이는 ㄹ

• 아-알 • 이-일 • 우-울 • 에-엘 • 오-올

받침으로 쓰일 때의 ㄹ 발음에 익숙해졌다면 다음은 첫소리로 쓰일 때의 ㄹ입니다.

첫소리로 쓰이는 ㄹ

• 아-라 • 이-리 • 우-루 • 에-레 • 오-로
• 라-아 • 리-이 • 루-우 • 레-에 • 로-오

이런 식으로 연습한 후 다음의 낱말을 연습합니다.

ㄹ로 끝나는 낱말

- 귤
- 달
- 말
- 발
- 물
- 별
- 불
- 뿔
- 칼
- 거울
- 교실
- 눈물
- 마늘
- 바늘
- 양말
- 연필
- 이불
- 저울
- 칫솔
- 터널
- 날개
- 딸기
- 물개
- 볼펜
- 실
- 갈매기
- 놀이터
- 달팽이
- 할아버지
- 할머니
- 빨래
- 바이올린
- 씨름
- 슬리퍼
- 텔레비전
- 헬리콥터

ㄹ로 시작하는 낱말

- 라디오
- 라면
- 레몬
- 레슬링
- 로봇
- 로켓
- 리본
- 리어카
- 램프
- 러닝셔츠
- 렌즈

ㅅ은 아이들이 가장 어려워하는 소리

아이들이 가장 발음하기 어려워하는 소리가 ㅅ입니다. 혀끝이 잇몸과

닿을 듯 말 듯한 상태를 유지해야 하거든요. 게다가 우리말 존칭에는 항상 시옷이 들어갑니다. 어려운데 자주 써야 해요. 아이들 입장에서는 참 곤혹스러운 소리입니다.

ㅅ과 ㅈ, ㅊ은 혀와 입천장의 위치는 비슷하지만 소리 내는 방법이 다릅니다. ㅅ은 입천장에 혀가 닫지 않아요. ㅈ과 ㅊ은 닿았다가 떨어집니다. ㅅ을 연습하게 되면 ㅈ과 ㅊ을 발음하기가 더 쉽습니다.

ㅅ을 익히는 방법으로 다음을 먼저 소개할게요.

먼저 '쉬-' 소리 내기예요. ㅅ이 포함된 낱말은 빼먹고 말하는 아이도 '쉬' 소리를 내는 경우가 있습니다. 상대적으로 쉽기 때문이에요. 이 소리를 먼저 연습하고 이어서 좀 더 어려운 소리를 연습하면 좋아요.

또 하나는 빨대로 바람 불기입니다. 빨대를 물고 바람을 내보내는 연습입니다. 혀와 입천장이 닿지 않기 때문에 ㅅ을 발음할 때와 유사한 경험을 할 수 있습니다.

그럼 본격적으로 ㅅ 발음을 연습해보겠습니다. 혀와 입천장이 가장 가까운 모음인 '이', '으'부터 사용합니다.

- 아-스
- 아-시
- 아-세
- 아-서
- 아-소
- 아-사
- 스-아
- 시-아
- 세-아
- 소-아
- 사-아

이런 식으로 연습한 후 다음의 낱말을 연습합니다.

ㅅ으로 시작하는 낱말

• 사과 • 사다리 • 사람 • 사슴 • 사이다
• 사자 • 사진 • 사탕 • 새우 • 서랍
• 세수 • 소 • 소금 • 소나무 • 손목
• 소파 • 수건 • 수박 • 수염 • 수영
• 수첩 • 스위치 • 스케이트 • 스키 • 시계
• 시냇물 • 시소 • 세모 • 상어 • 상처
• 색연필 • 샌드위치 • 생일 • 샴푸 • 선물
• 선인장 • 선풍기 • 속옷 • 시계 • 수저
• 슬리퍼 • 신문 • 신발 • 신호등

ㅅ 발음이 익숙해지면 ㅈ과 ㅊ 발음을 연습합니다. ㅅ과 ㅈ, ㅊ을 함께 발음하면서 차이를 익히는 방식입니다. 다음의 짝을 이용하세요.

• 스-즈-츠 • 시-지-치 • 수-주-추 • 세-제-체 • 소-조-초
• 사-자-차

그다음엔 ㅆ, ㅉ을 연습합니다.

ㅆ 발음이 포함된 낱말

• 책상(책쌍) • 눈썹 • 칫솔(치쏠) • 손수건(손쑤건)

• 버스(버쓰) • 낚시(낙씨) • 열쇠(열쐬) • 아저씨

ㅉ이 포함된 낱말

• 짜장면 • 찌개 • 찐빵 • 왼쪽 • 오른쪽
• 팔찌 • 짝꿍 • 쭈쭈바 • 짹짹 • 첫째
• 둘째

콧소리가 심할 때

간혹 콧소리가 심해서 발음이 뭉개지는 아이들이 있습니다. 우리가 소리를 낼 때 공기가 흘러가는 과정은 다음과 같습니다.

폐 → 기도 → 성대(소리 발생기) → 비강/구강 → 혀

콧소리는 공기가 입이 아닌 코로 나오면서 만들어집니다. 입을 막고 '음' 소리를 내보세요. ㅁ, ㄴ이 받침으로 쓰이는 ㅇ 소리는 모두 이렇게 만들어집니다. 콧소리가 많이 나는 아이들은 콧소리와 입소리를 구별하고 공기의 흐름을 통제하는 연습을 해야 해요. 다음을 참고하세요.

호흡

자세를 바로 하고 앉아 다음 순서에 따라 숨을 마시고 내쉽니다.

❶ 코로 숨을 들이마셨다가 입으로 내쉬기(4회)

❷ 입으로 숨을 들이마셨다가 코로 내쉬기(4회)

발성

이어서 다음 소리를 연속으로 천천히 냅니다.

❶ 음-파(4회)

❷ 파-음(4회)

1음절 교차 조음

다음의 소리를 차례로 냅니다.

❶ 마-바(4회) ❷ 바-마(4회) ❸ 압-암(4회) ❹ 밥-밤(4회)

낱말 조음

그런 다음 콧소리 없이 소리를 마칠 수 있도록 받침이 입소리인 다음 낱말들을 연습하세요.

• 밥	• 삽	• 컵	• 탑	• 톱
• 발톱	• 배꼽	• 장갑	• 케첩	• 냅킨
• 클립	• 입술	• 접시	• 립스틱	• 은행잎

• 중국집 • 꽃 • 낫 • 못 • 붓
• 솥 • 빗 • 그릇 • 버섯 • 비옷
• 씨앗 • 연못 • 젓소 • 칫솔 • 숟가락
• 꽃밭 • 핫도그

콧소리가 심한 경우는 연인두가 제 기능을 하는지 확인해야 합니다. 연인두란 입천장 뒤쪽의 부드러운 부분이 길게 이어진 근육으로, 구강과 비강 사이를 막았다 열었다 하는 밸브 역할을 해요. 연인두가 불완전하게 닫히면 콧소리가 섞이게 돼요. 이럴 경우엔 수술이 필요할 수도 있으니 이비인후과 검사를 통해 상태를 확인해야 합니다.

받침을 자꾸 빼먹고 말할 때

받침을 자주 빼먹고 발음하는 아이들이 있습니다. 또는 받침이 있는 낱말을 발음할 때만 소리가 심하게 왜곡되는 경우도 있어요. 이때는 다음과 같은 연습을 해요.

우리말에서 받침소리는 모두 일곱 개입니다.

• ㄱ • ㄴ • ㄷ • ㄹ
• ㅁ • ㅂ • ㅇ

다음 소리를 연습하게 해주세요.

ㄱ 받침

• 아-악 • 이-익 • 우-욱 • 에-엑 • 오-옥

• 가-가-각 • 기-기-긱 • 구-구-국 • 게-게- • 고-고-곡

ㄴ 받침

• 아-안 • 이-인 • 우-운 • 에-엔 • 오-온

• 나-나-난 • 니-니-닌 • 누-누-눈 • 네-네-넨 • 노-노-논

ㄷ 받침

• 아-앗 • 이-잇 • 우-웃 • 에-엣 • 오-옷

• 다-다-닷 • 디-디-딧 • 두-두-둣 • 데-데-뎃 • 도-도-돗

ㄹ 받침

• 아-알 • 이-일 • 우-울 • 에-엘 • 오-올

• 라-라-랄 • 리-리-릴 • 루-루-룰 • 레-레-렐 • 로-로-롤

ㅁ 받침

• 아-암 • 이-임 • 우-움 • 에-엠 • 오-옴

• 마-마-맘 • 미-미-밈 • 무-무-뭄 • 메-메-멤 • 모-모-몸

ㅂ 받침

• 아-압 • 이-입 • 우-웁 • 에-엡 • 오-옵

• 바-바-밥 • 비-비-빕 • 부-부-붑 • 베-베-벱 • 보-보-봅

ㅇ 받침

• 아-앙 • 이-잉 • 우-웅 • 에-엥 • 오-옹

말을 자꾸 더듬어요

말더듬은 언어 능력이 급속도로 발달하는 세 살에서 다섯 살 시기에 주로 나타나요. 말더듬의 특징은 '반복'입니다. "바, 바, 바지", "가, 가, 가위", "다, 다, 다람쥐"처럼 같은 음을 반복해요. 구절을 반복하기도 합니다.

"엄마, 엄마, 엄마, 나 과자 먹고 싶어요. 저기, 저기, 저기, 아래에 양말 있어요."

이런 말더듬은 잠깐 나타났다가 대부분 사라집니다. 그러나 성인이 되어서까지 계속되는 경우도 있으니 말더듬이 오래 지속된다 싶으면 전문가와 상의해서 치료를 받아야 합니다. 여기서는 말더듬의 특징을 확인하고 예방하는 대화법에 대해 말씀드리겠습니다.

중간에 소리 넣기

말하는 중간에 "아", "음", "저기", "그게"와 같이 의미 없는 소리를 넣습니다. 예를 들어 "엄마, 아, 그게, 저기, 어, 가방 주세요"라고 말합니다.

소리 반복하기

반복에는 음소 반복, 음절 반복, 구절 반복 등이 있는데 이 중에서 음소 반복과 음절 반복은 좀 더 심한 말더듬에 해당해요. 예들 들면 "가방, 가방, 엄마 가방 주세요"보다는 "ㄱ, ㄱ, 가방 주세요" 또는 "가, 가, 가방 주세요"가 좀 더 심하다고 할 수 있어요.

말 막힘

소리가 이어지지 않고 끊깁니다. 소리를 내는 데 힘이 많이 들어가요. 한번에 많은 소리를 내기가 어렵습니다.

"---√‾---가방 ---√‾---주세요." (√‾ 부분은 소리를 내려고 하나 나오지 않는 부분)

부수 행동

말을 할 때마다 얼굴을 찡그리거나 손을 휘젓는 경우입니다. 소리가 자연스럽게 안 나오면서 하게 되는 행동이에요.

위의 네 가지 증상 중에서 '말 막힘'과 '부수 행동'은 심한 수준의 말더듬이예요. 음절을 반복하거나 말이 막히고 이에 수반한 행동이 나타나면 전문가를 찾아 상담을 받아야 합니다.

편안하게 말하는 연습

말더듬의 원인은 정확하게 밝혀진 게 없습니다. 다만 말더듬을 악화시키는 요인에 대해서는 공통된 의견이 있어요. 그중 하나는 말할 때 받는 스트레스입니다. 정확한 답변을 요구받거나 질책을 받았던 경험이 말더듬을 강화시킨다는 얘기입니다.

말더듬 아이들은 성격이 급하거나 호흡이 짧습니다. 말할 때 긴장해서 어깨와 목에 잔뜩 힘이 들어가요. 말이 빠른 아이도 말을 더듬을 가능성이 많습니다. 말을 더듬지 않으려면 말을 편안하게 시작할 수 있어야 해요. 다음을 참고하세요.

호흡법

자세를 바로 하고 '코로 마시고 입으로 내쉬기 → 입으로 마시고 내쉬기'를 8회 연습합니다.

ㅎ 음 연습하기

ㅎ 음은 공기가 성대를 통과하고 나서 조금 있다가 성대가 울립니다. 말더듬 아이들은 성대에 힘을 주고 쥐어짜서 말하는 경향이 있으니 ㅎ 소리를 연습하면 말더듬이 개선되는 효과가 있습니다.

- 하-해-히-호-후-허-흐
- 어허-오호-우후-으흐
- 어하-오해-우헤-으히
- 허혀-호효-후휴-흐히
- 오히허-우허하-어흐호
- 하헤히-해허호-헤호하
- 허후흐-흐히호-회하후
- 아하-애해-에헤-이히
- 아허-애호-에하-이흐
- 하햐-해효-헤히-히혀
- 아헤히-에후호-이헤하
- 하호드-헤흐도-히허두
- 히커노-호코누-후케니

이후 ㅎ 음으로 시작하는 낱말을 연습합니다.

ㅎ으로 시작하는 낱말

• 하모니카	• 하트	• 학교	• 한강	• 한복
• 할머니	• 할아버지	• 함박눈	• 항아리	• 해바라기
• 해적	• 해파리	• 햇님	• 혀	• 호두
• 호랑이	• 호박	• 호수	• 호흡	• 화장실
• 황토	• 회사	• 후추	• 휘파람	• 휴가

• 휴지

첫 음 길게 연장하기

위의 낱말을 다음과 같이 첫 번째 소리를 길게 연장해서 발음합니다.

• 하~모니카 • 하~트 • 학~교 • 한~강 • 한~복…

수용하는 대화 하기

앞서 말씀드렸듯이 말더듬은 두세 살 무렵에 나타났다가 사라지는 자연스러운 성장 과정입니다. 이때 어른이 말더듬을 지적하고 억지로 고쳐주려고 하면 오히려 말더듬 증상이 고착될 수 있어요. 아이의 말을 비판하고 평가하는 것은 증상을 악화시키는 요인이에요.

기다리기

말더듬 아이들은 빨리 말하려는 경향이 있어요. 말을 천천히 하도록 이끌어주세요. 그러려면 아이가 '엄마는 내 얘기를 끝까지 들어줄 거야'라고 믿게 해야 합니다. 아이가 말을 마칠 때까지 다그치지 말고 기다려주세요.

말 끊지 않기

아이가 말하는 도중에 끼어들어서 아이가 할 말을 대신 해주거나 고쳐주면 아이는 말하는 것 자체에 스트레스를 받게 돼요. 자기 말을 의식하고 틀리지 않기 위해 노력하다 보면 더 말이 막히고 더듬게 되지요. 그러니 말을 끊지 말고 끝까지 들어주세요.

쉬운 질문하기

어린아이들에게 "왜?", "어떻게?"는 대답하기 어려운 질문이에요. 그보다는 "이랬니, 저랬니?", "이거 할까, 저거 할까?"처럼 선택할 수 있는 질문을 해주세요.

비판하거나 다그치지 않기

다시 해보라고 다그치지 마세요. 심지어 사람이 많은 곳에서 인상을 쓰면서 아이를 다그치는 분들이 있는데, 그러지 마세요. 아이가 심리적으로 위축되어 없던 말더듬이 생길 수도 있습니다.

수준 높은 어휘 요구하지 않기

아이의 현재 수준보다 높은 어휘나 구문을 사용하라고 요구하지 마세요. 조사나 존칭을 빼먹어도 혼내지 않아야 됩니다. 나이가 들면 자연스럽게 표현할 수 있어요.

이와 같은 노력에도 불구하고 음소 반복, 음절 반복, 말 막힘, 부수 행동 같은 말더듬 현상이 3~6개월 이상 지속된다면 꼭 전문가와 상담하시기를 권합니다.

쉰 목소리로 말해요

목이 잘 쉬는 아이가 있습니다. 말할 때 힘을 잔뜩 주고 말하거나 큰 소리로 말하는 습관이 있으면 목이 자주 쉴 수밖에 없어요. 이런 식으로 성대에 무리를 주면 성대결절(성대에 상처가 나는 병)에 걸릴 수도 있습니다. 조용히 천천히 말하도록 이끌어주시고, 이 책에 실린 발음 연습을 하면서 힘을 빼고 말하도록 도와주세요.

말소리가 작은 아이도 마찬가지입니다. 그런 아이들은 성문하압(성대 아래의 압력)이 충분하지 않거나 숨이 짧아서 말소리에 쓰일 에너지를 적절하게 공급하지 못하는 경우가 많아요. 이때는 불기 연습(풍선 불기, 바람개비 불기, 빨대로 바람 불기 등)과 '파' 소리 내기 연습, 모음 연습 등을 해주세요.

말을 안 듣고 고집부려요

'미운 세 살'이라는 말이 있습니다. 고집불통에다 말을 안 들을 나이이기에 붙여진 별명이지요. '미운 네 살'도 있습니다. 그런데요, 미운 다섯 살, 미운 여섯 살, 미운 일곱 살 등 인터넷에서 검색하면 미운 나이는 끊임없이 나옵니다. 이 나이의 아이들은 정말 미운 짓만 할까요?

보통 아이가 문제 행동을 보이면 부모들은 이를 정서적 관점에서 파악합니다. 뭐가 마음에 안 들거나 기분이 상해서 떼를 쓴다고 생각하지요. 물론 그럴 수 있습니다. 그러나 언어 소통에 문제가 있을 수도 있어요. 적절한 언어 소통은 아이의 문제 행동을 예방하거나 그 강도를 낮출 수 있습니다.

아이들은 자기를 중심으로 사고를 합니다. 어른만큼 상황을 객관적으로 파악하지 못해요. 눈치를 보지 않으니 지금 당장 욕구가 채워지지 않으면 떼를 씁니다. 용찬이의 사례를 볼까요?

세 살 용찬이는 엄마와 마트에 왔습니다. 카트에 앉아서 이리저리 마트 안을 둘러보는데 용찬이가 가장 좋아하는 땡땡이 과자가 눈에 띄는군요. 용찬이는 냉큼 손을 뻗어 카트에 넣어요. 그러나 곧장 엄마가 낚아챕니다. 성분 표시를 한참 읽더니 "안 돼"라고 하는군요. 용찬이는 그 이유를 알 수 없습니다. "먹을래, 먹고 싶어"라고 진심을 다해 표현합니다. 그러자 엄마가 말합니다.

"안 돼, 과자 많이 먹으면 몸에 안 좋아. 너, 지난번에 텔레비전에서 봤지? 거기서 의사선생님이 뭐라 그랬어. 과자에는 인공첨가물이 많이 들어가서 많이 먹으면 나중에 키도 안 크고 머리도 나빠진다고 했어, 안 했어. 그러니 나중에 사줄게."

용찬이는 엄마의 말이 무슨 뜻인지 잘 모릅니다. 문장이 길고 어려운 낱말이 잔뜩 있다고만 이해하지요. 어쨌든 엄마의 표정을 보니 땡땡이 과자는 먹을 수 없나 봅니다. 그리고 마지막 말인 "나중에 사줄게"를 믿고 일단 물러서기로 합니다.

그런데 엄마가 말한 '나중'은 언제일까요? 다음에 마트에 오면 땡땡이 과자를 먹을 수 있을까요? 그럴 수도 있지만 그렇지 않을 확률이 더 큽니다. 어른들은 약속을 자주 어기거든요. '나중에'라고 해놓고 안 사줘요. 어쩌면 용찬이는 영원히 땡땡이 과자를 먹을 수 없을지 몰라요. 아이는 불신을 넘어 좌절감을 느끼겠지요. 그럴 때 용찬이가 할 수 있는 일은 포기하거나 땡땡이 과자를 뜯어서 일단 입 안에 넣기 둘 중 하나입니다. 후자 쪽 선택에 익숙해진 아이라면 부모가 아무리 말을 해도 안 먹힐 가능성이 크죠. 일단 저지르는 쪽으로 행동이 고착되기 전에 손을 써야 해요. 어떻게 하면 좋을까요?

"기다려"를 사용하세요. 평소와 다름없는 표정으로 아이와 눈을 맞추고 기다리라고 하세요. 그리고 땡땡이 과자를 아이가 볼 수 있는 곳, 예를 들어 카트 한쪽에 둡니다. 봉지를 뜯지 못하도록 부모님이 직접 손에 들고 있을 수도 있어요. 아이는 일단 눈에 보이면 안심합니다. 그러면서 필요한 물건을 사는 등 볼일을 보세요. 그러다가 가끔, 예를 들면 10분 간격으로 "용찬아 기다려, 이따가 먹자" 하면서 다시 한 번 약속을 상기시켜 줍니다. 그러면 아이로서는 덜 불안하겠지요. 계산을 마치고 집에 돌아올 때까지 몇 번 더 말해주세요.

"기다려, 이따가 먹자."

집에 오면 부모님이 아이의 눈앞에서 봉지를 뜯으세요. 그리고 접시에 과자를 몇 개 담아서 줍니다.

첨가물 범벅인 과자는 절대 아이에게 먹일 수 없다고 생각하실 수도 있습니다. 그러나 눈에 보이는 걸 못 먹게 하는 것보다는 조금만 먹이고 다음에는 그 과자가 있는 쪽으로 가지 않거나 아이를 다른 사람에게 맡기고 장을 보러 가는 편이 좋아요.

'금지하기-설명하기'는 어린아이들에게 잘 먹히지 않는 방식이에요. 대신 '기다리기-보상하기'를 통해 자신의 욕구를 유예할 수 있도록 연습시키는 게 더욱 효과적입니다. 믿고 기다리는 편이 낫다고 생각하면 아이는 무리한 행동을 선택하지 않습니다.

아이가 정신이 팔려 있을 땐 "방금 뭐라고 했지?"

아이들은 산만합니다. 이것저것 관찰하고 만지작거리다가 뭐 하나 새로운 게 나타나면 거기에 매달려요. 그러다 보면 어른이 말을 해도 듣는 둥 마는 둥 자기가 하던 행동만 계속 할 때가 있지요. 특히 무언가를 '볼 때' 더욱 그래요. 나은이의 사례를 볼까요?

일요일 낮, 아빠는 설거지를 하고 있습니다. 그런데 텔레비전 소리가 들리는군요. 아이가 너무 오랫동안 텔레비전만 본다고 생각한 아빠가 말합니다.

"나은아, 텔레비전 꺼."

나은이가 있는 쪽을 돌아보니 잠을 자는 것 같지는 않아요. 세 살배기 나은이는 만화영화 〈타요〉에 빠져 있나 봅니다. 다시 한 번 아빠가 말합니다.

"나은아, 텔레비전 끄라니까. 안 들려?"

안 들리나 봅니다. 여전히 텔레비전 소리가 들리네요. 화가 난 아빠는 고무장갑을 벗고 리모컨으로 텔레비전을 끕니다. 상황을 깨달은 나은이가 꺼진 화면과 아빠의 화난 표정을 번갈아 보더니 울기 시작합니다.

어린아이들은 주의집중력이 어른과 같지 않아요. 실제로 나은이는 아빠의 말을 못 들었을 거예요. 생활소음이 많은 상태에서 얼굴을 안 보고 무언가를 지시했을 때 이를 제대로 행동으로 옮기는 아이는 드뭅니다.

아이에게 무언가를 시킬 때는 눈을 마주해야 해요. 그리고 "텔레비전 꺼요"라고 말하세요. 보통 아이들보다 산만하다 싶으면 그 말을 모방하게 유도합니다. 단, 화난 표정은 푸셔야 해요. 평소와 같은 부드러운 표정으로 다음과 같이 말해주세요.

"텔레비전 꺼요. (잠시 기다리기) 나은아, 뭐라고?"

"텔레비전 꺼요."

"그래, 텔레비전 꺼요."

(텔레비전 out)

"고맙습니다."

요약하겠습니다. 몸을 낮춰 아이의 눈을 보세요. 짧고 쉬운 문장으로 행동을 지시한 후 아이가 해당 문장을 따라 말하게 해요. 아이가 '못 들은 체'하지 않을 거예요. 그리고 아이가 그 행동을 했다면 "고마워요"라고 말해주세요. 이와 같은 '듣고 따라 말하기'는 아이의 청각적 집중력 향상에도 도움이 됩니다.

부정적 감정 표현하기

자기 기분을 제대로 표현하지 못해 스트레스를 받는 아이들이 있습니다. 이런 아이들은 참고 또 참다가 돌발 행동을 하는 경향이 있어요. 이럴 경우에는 정확하게 자신의 의사를 표현하도록 도와주어야 해요.

"용찬아, 공부하자. 학습지 가져와."

"……."

"저기 식탁 위에 있잖아."

"……."

"뭐 해, 빨리 가져오라니까."

결국 아이 대신 엄마가 학습지를 가져오지만 아이는 학습지를 보자마자 찢어버리지요.

하기 싫은 일을 억지로 하는 것은 어른이나 아이나 힘든 일이에요. 치과에 가거나 주사를 맞아야 하는 일처럼 꼭 해야 할 일 앞에서 아이가 돌발 행동을 하면 난감합니다. 그럴 때는 기분을 말로 표현하게 해주세요. 어른이든 아이든 자신의 기분을 남에게 알리는 것 자체로 진정이 돼요. 감기약 먹기를 거부하는 상황을 예로 들어 설명하겠습니다.

"나은아, 약 먹자."

(도리도리)

"감기 나아야지. 자, 아~ 해."

"안 먹어."

"나은이가 약 먹기 싫구나."

"약 먹기 싫어."

"약이 쓰구나."

"약이 써."

"그래, 약이 써서 먹기 싫구나."

"응, 써서 먹기 싫어."

"그래, 그럼 지금은 먹지 말자."

일단 약봉지를 치운 뒤에 어른은 다른 일을 합니다. 그리고 10분 후에 다시 시도하세요. 조금 전보다는 거부 행동이 덜 할 거예요. 어쨌든 자신의 기분을 알렸고 상대가 이를 받아들였으니까요.

어른들이 아이의 부정적인 반응을 싫어하는 만큼 하기 싫은 일을 억지로 해야 하는 아이들도 답답하기는 마찬가지예요. 그러니 아이가 "하기 싫어요", "못 하겠어요", "어려워요", "모르겠어요"라고 표현할 수 있도록 도와주세요. 그렇게 기분을 표현하면 일단은 받아주고 어느 정도 시간이 지나면 다시 시도하기를 권합니다.

감정을 제대로 표현하게 해주면 문제 행동이 줄어들 수 있습니다. 다음의 어휘 목록을 참고해 아이와 대화할 때 활용하세요.

부정적 감정을 표현하는 말들

- 걱정되다
- 겁나다
- 귀찮다
- 기분 나쁘다
- 난감하다
- 놀라다
- 눈물이 난다
- 당황하다
- 두렵다
- 마음이 아프다
- 막막하다
- 무섭다
- 미안하다
- 부끄럽다
- 부담스럽다
- 불편하다
- 비참하다
- 속상하다
- 슬프다
- 실망하다
- 싫다
- 암울하다
- 어색하다
- 얼떨떨하다
- 역겹다
- 외롭다
- 우울하다
- 울적하다
- 으스스하다
- 을씨년스럽다
- 의심스럽다
- 이상하다
- 조마조마하다
- 좌절하다
- 죄책감이 들다
- 지루하다
- 지치다
- 짜증나다
- 창피하다
- 충격을 받다
- 피곤하다
- 혼란스럽다
- 화나다
- 후회하다
- 힘들다

자기 말만 해요

대화의 주도권을 놓치기 싫어하거나, 침묵을 견디지 못하거나, 질문을 두려워하거나, 주의집중에 어려움이 있으면(산만한 경우) 자기 말만 하는 경향이 있습니다.

아이가 대화의 주도권을 놓치기 싫어하는 경우라면 한 가지 화제를 유지하면서 문장을 하나씩 주고받는 연습을 하면 좋아요.

"오늘 어린이집에 가서 놀았어. 날씨가 좋았어. 선생님이랑 놀았는데 재밌었어. 〈뽀로로〉 보고 싶어. 텔레비전 틀까?"

"용찬아, 오늘은 조금 천천히 말하고, 한 번씩 주고받기를 해보자. 엄마가 먼저 시작할게. 용찬이, 오늘 어땠어."

"어린이집에 가서 놀았어. 그랬는데 날씨가…."

"용찬아 한 번씩 주고받기 하는 거야. 엄마 차례야."

"응."

"용찬이가 어린이집에 가서 놀았구나. 그래서?"

"그랬는데 날씨가 좋았어."

"그랬구나! 날씨가 좋았구나. 그리고?"

"선생님이랑 놀았는데 재밌었어."

"그랬어? 와, 좋았겠다."

"〈뽀로로〉 보고 싶어."

"그래, 그럼 이제부터 다른 얘기를 해볼까? 용찬이 뭐 하고 싶어?"

"〈뽀로로〉 보고 싶어."

한 문장씩 번갈아가며 얘기하고, 주제가 바뀌면 '다른 얘기'를 해보자고 하면서 화제가 바뀜을 알려주세요.

아이가 침묵을 견디지 못하는 것은 불안한 심리와 관계가 있습니다. 함께 있는 상황이 불편할 경우 먼저 질문을 하거나 지금 상황과 관계없는 얘기를 늘어놓음으로써 침묵의 상황을 회피하려고 합니다. 아이가 말을 안 하고 있을 때 편안한지 불안해하는지를 살펴보세요. 그리고 아이가 자기 마음이 어떤지를 말할 수 있도록 해주세요.

질문을 두려워하는 것은 틀릴까 봐, 혼날까 봐 걱정할 때 나오는 반응입니다. 이때는 아이에게 어려운 개방형 질문 대신 보기를 포함한 선택형 질문을 해주세요. 예컨대 "왜 그랬니?"보다는 "배고파서 그랬니, 아니면 심심해서 그랬니?"가 답하기에 더 쉽습니다. 잘못된 답을 말해도 혼내지 말고 "다시 한 번 생각해봐"라고 하거나 "혹시 이렇게 말하려고 했니?"라고 다시 물어보면서 적절한 대답을 하도록 도와주시기를 권합니다.

주의집중에 어려움이 있어 산만한 경우는 평소 상대의 말에 집중하는 연습을 시켜주세요. 자세한 연습 방법은 이어지는 내용에 있습니다.

대화에 집중하지 못하고 산만하게 말해요

서로 대화를 하려면 두 가지 차원에서 집중이 필요합니다.

첫 번째는 '시선'입니다.

'주목하다'는 말이 있습니다. 말 그대로 특정 대상에 시선을 맞추는 것이지요. 이것 역시 대화의 중요한 조건입니다. 서로 다른 곳을 보면서 나누는 대화는 계속 이어지기가 어렵습니다. 심지어 채팅이나 메신저도 모니터를 보면서 하지요. 상상 속에서 상대를 응시합니다.

서로 상대를 의식하고 눈을 맞추는 행위는 대화의 기본이에요. 하지만 산만한 아이들은 시선을 한 곳에 고정하지 않고 계속 옮깁니다. 관심이 없어서라고 단정하기보다는 연습이 필요한 경우이지요.

두 번째는 '듣기'입니다.

말은 '소리'로 이루어집니다. 우리의 뇌는 귀로 감지한 소리의 의미를 해석합니다. 그런데 소리는 시간이 지나면 사라져요. 따라서 이 소리를 머릿속에 저장해야 합니다. 여러분이 대화를 나눌 때를 한번 생각해보세요. 누군가가 말을 걸면 거의 반사적으로 대꾸합니다. 짧은 순간이지만 우리의 뇌는 상대의 말을 기억하고 해석한 후 화제에 걸맞은 말을 생각해냅니다. 잘못 들었거나 뜻을 이해하지 못했다면 "방금 뭐라고 했지?" 하며 되묻습니다.

대화하려면 항상 상대의 말을 기억하고 있어야 해요. 그러나 산만한 아이들은 이게 어렵습니다. 다양한 외부 자극 속에서 말소리에 온전히 집중하지 못해요. 그냥 흘려보냅니다. 이 부분에 대한 연습이 필요해요.

듣기와 보기, 이 두 가지 측면에서 집중력을 기르는 활동을 소개하겠습니다. 앞서 소개한 '계절을 알리는 소리'(153쪽), '과일이 나오면 종을 쳐요'(195쪽)와 비슷해요. 다만 목표가 말이 아닌 '집중' 혹은 '주목'에 있다는 점이 다르지요.

보기에 집중하기

◆ **준비물:** 누름종, 검은콩, 노란콩

검은콩과 노란콩을 8 대 2의 비율로 섞어 신문지 위에 쏟습니다. 아이와 함께 노란콩을 고릅니다. 다 고르면 종을 칩니다. 더 많이 골라낸 사람이 이깁니다.

검은콩과 노란콩을 반반씩 섞어서도 할 수 있습니다. 콩 이외에 바둑돌이나 초코볼로 해도 좋아요. 다만, 초코볼은 녹을 위험이 있으니 손에 너무 오래 쥐고 있으면 안 되겠죠?
아이와 함께 경쟁하세요. 덕분에 아이는 오랫동안 시각적인 대상에 집중할 수 있을 거예요.

설명에 집중하기 1

◆ **준비물:** 사진

사진을 보고 어른이 설명하면 그 설명에 해당하는 사물을 아이가 가리키거나 말하는 놀이입니다. 인물 사진, 풍경 사진, 일상의 활동을 담은 스냅 사진 모두 좋습니다. 사진을 출력하거나 화면으로 보면서 다음과 같이 물어보세요.

"올라갔다가 타고 내려오는 건 뭐지?" (미끄럼틀)

"앞뒤로 흔들리면서 올라갔다가 내려오는 건 뭐지?" (그네)

"마주 보고 앉아서 올라갔다가 내려오는 건 뭐지? (시소)

질문이 너무 길다면 줄일 수 있어요.

"미끄러지는 게 뭐지?" (미끄럼틀)

"미는 게 뭐지?" (그네)

"두 사람이 타는 게 뭐지?" (시소)

배경을 물을 수도 있어요.

"저 하늘 위에 떠 있는 게 뭐지?" (구름)

"아주머니가 끌고 가는 게 뭐지?" (강아지)

"통통 튀는 게 뭐지?" (공)

"빨간 옷을 입은 아이가 만지고 있는 게 뭐지?" (모래)

이번에는 집 안을 배경으로 찍은 사진이 있다고 가정해볼게요.

"반찬을 집을 때 쓰는 게 뭐지?" (젓가락)

"국을 끓일 때 쓰는 게 뭐지?" (냄비)

"채소나 고기를 썰 때 쓰는 게 뭐지?" (칼)

"채소나 고기를 썰 때 바닥에 까는 게 뭐지?" (도마)

"달걀을 프라이할 때 쓰는 게 뭐지?" (프라이팬)

아이가 어려워하면 그 사물을 손으로 짚거나 사진을 확대해서 보여주세요. 디지털 사진의 장점을 십분 활용하셔서 난이도를 조절하면 됩니다.

설명에 집중하기 2

◆ **준비물:** 그림 카드, 누름종

낱말 뜻을 설명하고 대답하는 활동입니다. '스피드 퀴즈'(199쪽)와 비슷해요. 다만 대답하기 전에 '종 치기' 과정이 들어갑니다. 단계가 하나 더 생겼기 때문에 그만큼 집중해야 해요.
우선 중간에 종을 두고 아이와 마주 보고 앉아요. 어른이 그림 카드에서 열 장을 골라 손에 듭니다. 어른은 다음과 같이 문장으로 질문해주세요.

"멍멍 소리를 내는 것은?"

아이는 종을 친 후 "개" 혹은 "강아지"라고 대답해야 해요. 종 치기를 건너뛰면 무효입니다. 종 치기를 잊었다면 어른은 "종을 먼저 치고 대답해주세요"라고 말해주세요. 게임은 다음과 같이 진행됩니다.

"음매 하고 우는 것은?"
(종을 친 후에) "소."
"딩동댕! 맞혔습니다. 다음. 야옹 하고 우는 것은?"
(종을 친 후에) "고양이."

이처럼 열 번의 퀴즈를 모두 마쳤다면 역할을 바꿉니다. 즉 아이가 문고 어른이 대답하는 거예요.

역할 전환이 잘 이루어지나요? 그러면 마지막 단계, 서로 물어보고 답하기입니다. 그럼 낱말 카드를 다섯 장씩 나눠 가지세요. 그런 다음 번갈아가며 다음과 같이 묻고 대답하기를 합니다.

"음매 하고 우는 것은?"

(종을 친 후에) "소."

"딩동댕! 맞혔습니다."

"야옹 하고 우는 것은?"

(종을 친 후에) "고양이."

"딩동댕, 맞혔습니다."

가장 답을 많이 맞힌 사람이 과자를 먹습니다.

좀처럼 말을 하지 않아요

말이 없는 아이들이 있습니다. 그 이유를 크게 세 가지로 나누어 생각해볼 수 있습니다.

말할 필요성을 못 느끼는 경우

언어는 의사 표현, 대화의 수단입니다. 특히 아이가 어릴수록 혼자 할 수 있는 일이 많지 않아서 어른을 움직여 원하는 것을 얻을 목적으로 말을 씁니다. 그래서 아이들의 말은 뭘 어떻게 해달라는 내용이 많아요.

그런데 자기가 말하기도 전에 어른들이 알아서 해주면 어떨까요? 손가락을 까딱했을 뿐인데 장난감을 가져다주고 먹을 것을 주고 스마트폰을 쥐여주지요. 아이 입장에서 보면 굳이 말을 안 해도 되겠죠?

언어 표현을 유도하려면 아이가 말할 때까지 기다려야 해요. 또는 아이가 말을 하지 않으면 원하는 것을 쥐여주지 않아야 해요. '엄마'라는 말도 알고 '빠방'이라는 말도 아는 아이라면 자동차를 손에 들고 기다리세요. "엄마, 빠방"이라고 말하면 그때 손에 쥐여주며 "용찬이가 말을 잘했어요. 자, 여기 자동차" 하고 말해주세요.

말을 해봐야 소용이 없을 때도 아이들은 말을 안 합니다. 앞서와 반대로 반응이 없으니 포기한 경우이지요. 이때 아이는 말 대신 행동을 합니다. "엄마, 빠방"이라고 말하지 않고 직접 가서 가져오거나, "엄마 과자" 하지 않고 과자 봉지로 손을 뻗습니다. 이럴 때는 어떻게 해야 할까요?

방법은 같습니다. 아이가 말할 때까지 기다리세요. 즉 아이가 "엄마, 과자"라고 할 때까지 과자를 들고 계세요. 그러다 아이가 말을 하면 지나칠 만큼 기쁘게 반응합니다. 과자를 비행기처럼 눈앞에서 날아다니게 하다가 아이의 손에 쥐여준다거나, 엄마가 직접 아이의 주변을 빙글빙글 돌다가 아이 손에 쥐여주세요. '말을 하니까 엄마가 반응을 보이네'라고 충분히 느낄 수 있게끔 말이에요.

인지적, 사회적 상호작용이 어려운 경우

말과 관련한 신체 기능에는 문제가 없는데 말을 못 하는 경우도 있어요. 지적 장애나 자폐성 경향처럼 인지적, 사회적 상호작용에 어려움이 있는 경우입니다. 이런 아이들은 일반적인 방식으로 언어를 배우는 것에 어려움이 있기에 말이 없거나 늦을 수 있어요. 어휘를 익히고 문법적 지식을 획득해 적절하게 사용하는 것이 보통 아이들보다 늦기 때문이에요.

이때는 언어적으로 자극을 주면서 연습을 더 많이 해야 해요. 전문가의 조언과 체계적인 학습이 도움을 줄 수 있습니다.

신체 기능에 문제가 생긴 경우

말을 하고 싶어도 못 하는 경우는 신체 기능과 관련이 있습니다. 말하기에 필요한 기관은 몸 곳곳에 있어요. 언어의 이해와 학습을 담당하는 대뇌, 말 표현을 위해 신체 각 기관에 명령을 전달하는 신경계통, 호흡을 하기 위한 폐와 기도, 발성을 하기 위한 인두와 후두, 조음을 하기 위한 혀·입술·입천장 등이 그렇지요. 청각 기관도 빼놓을 수 없습니다. 이처럼 우리가 내뱉는 말 한마디는 신체의 여러 기관이 서로 연관되면서 복잡한 과정을 거쳐 산출됩니다. 그중 어느 한 곳에라도 이상이 생기면 정상적인 말 표현이 어려워요. 이런 경우라면 정확한 장애의 원인을 찾아 수술을 하거나 재활훈련을 통해 도움을 받을 수 있어요.

저는 '청각 검사'의 중요성을 말씀드리고 싶어요. 아이가 귀에 이상이 있다는 사실을 나중에 알게 되는 경우를 자주 보았습니다. 갓난아기 때는 아이가 말을 제대로 듣는지 확인하기가 어려워요. 부분적으로 말을 듣는 난청이라면 더욱 그렇지요.

아이가 말이 늦다고 생각해서 병원에 갔더니 난청이라는 말을 듣는 경우가 종종 있습니다. '듣기'는 말하기의 기본 조건입니다. 언어 발달이 한창 이루어질 시기에 난청으로 적절한 언어적 자극을 받지 못하면 말이 늦을 수밖에 없어요. 이름을 불러도 아이가 쳐다보지 않거나, 집중을 잘 하지 못하고 산만하다거나, 또래에 비해 말 표현이 현저히 적을 경우 난청을 의심해보시는 게 좋습니다. 영유아기 난청 여부는 병원에서 청력 검사 등을 통해 확인할 수 있어요.

말문이 터지는 언어놀이

Talking Games for Speech Development in Toddlers

개정판 1쇄 발행 · 2023년 2월 15일
개정판 2쇄 발행 · 2024년 4월 1일

지은이 · 김지호
발행인 · 이종원
발행처 · (주)도서출판 길벗
출판사 등록일 · 1990년 12월 24일
주소 · 서울시 마포구 월드컵로 10길 56(서교동)
대표 전화 · 02)332-0931 | 팩스 · 02)323-0586
홈페이지 · www.gilbut.co.kr | 이메일 · gilbut@gilbut.co.kr

기획 및 책임편집 · 최준란(chran71@gilbut.co.kr) | 표지디자인 · 강은경 | 본문디자인 · 황애라
마케팅 · 이수미, 장봉석, 최소영 | 유통혁신 · 한준희 | 제작 · 이준호, 손일순, 이진혁
영업관리 · 김명자, 심선숙, 정경화 | 독자지원 · 윤정아

편집진행 및 교정 · 장도영프로젝트 | 전산편집 · 박은비 | 일러스트 · 임필영
CTP 출력 및 인쇄 · 교보피앤비 | 제본 · 경문제책

- 잘못된 책은 구입한 서점에서 바꿔 드립니다.
- 이 책에 실린 모든 내용, 디자인, 이미지, 편집 구성의 저작권은 길벗과 지은이에게 있습니다.
  허락 없이 복제하거나 다른 매체에 옮겨 실을 수 없습니다.

ISBN 979-11-407-0316-6 03590
(길벗 도서번호 050204)

독자의 1초를 아껴주는 정성 길벗출판사

{{{ (주)도서출판 길벗 }}} IT교육서, IT단행본, 경제경영서, 어학&실용서, 인문교양서, 자녀교육서 www.gilbut.co.kr
{{{ 길벗스쿨 }}} 국어학습, 수학학습, 어린이교양, 주니어 어학학습, 학습단행본 ww.gilbutschool.co.kr